李昀——著

FOREVER WITH STYLE

Customize Your Own Future

一生衣事

訂製未來的自己

一生職志唯在「美」

遙想創辦高餐時，為設計優質課程、網羅優秀師資，我真是煞費苦心，求賢若渴。

有鑑於從事餐旅觀光事業的人員，服務對象是人群，其言行舉止容易給人留下第一印象，甚而影響服務之成效；因此，為訓練學生將來於職場初現時就能讓人眼睛一亮，印象良好，於是特別延聘著名的形象管理專家李昀老師來校任教。

記得當時開設的課程有：形象管理、服儀管理、國際禮儀、人際關係，與溝通技巧、生活美學等實用課目。由於李昀老師的專業學識豐富，授課內容充實，教法又靈活生動，深受學生歡迎；學生在日後職涯中實踐所學，也廣受肯定讚譽。

為提醒學生隨時隨地注意自己的言行舉止，我特地請李老師編了一本「禮儀小百科」，內有禮儀要領、職場禮儀、生活禮儀、衣食住行及育樂禮儀等，可說是「麻雀雖小，五臟俱全」。為方便學生攜帶並隨時查看，採口袋式精裝本，也常作為學校致送來賓的小禮物，頗受歡迎。

李老師氣質高雅，落落大方，口才便給，其人即是其獨創的「昀式形象學」之具象。除了在大專校院開課外，也經常在企業界、飯店業、及各大公司行號作專題演講、客製化培訓，並受邀在各大媒體開闢專欄，引領風潮而聲名大噪。

因聲名遠播，受到中國大陸邀請，李老師乃移居大陸，先後至北京、上海、南京、天津、及青島等大都會開講。適值中國經濟扶搖直上，人民生活大幅改善，俗云「倉廩實而知禮節，衣食足而知榮辱」，處此因緣際會的環境中，形象禮儀之學一時蔚為風潮，李老師得以大展所長，開拓了形象美學的一片天。

憶昔高餐同仁，各有所長，均為一方翹楚，大家團結一心，兢兢業業教學研發，終能成就今日高餐盛譽，李昀老師即屬其一。如今李老師遠遊歸來，將三十年來講學、培訓、及演講等精華淬煉融合，結集成冊，以饗讀者。承惠贈初稿，得以先睹為快，拜讀之餘，感佩李老師以形象美學為一生志業，乃欣然為序誠摯推薦，並謹此向李昀老師惠我高餐致謝！

國立高雄餐旅大學創校校長 李福登

謹識

李昀告訴你的美的答案，終生受用

推薦李昀不容易，推薦她的新書，何嘗容易呢！？觀其書，如見其人；同樣，觀其人，亦可相見其書。李昀總是給你一見如故的親切，當你事後想想，「啊，原來她是美女嘛～」「是很能穿搭的美女啊！」原來如此。但李昀的給人的整體美感，你又沒法只從表象去讚美，因為，她會告訴你：「穿搭是一種整體的和諧，整體的美感呈現」，表象是很淺薄的。我每次看李昀的創作，讀她慢條斯理的分析，總感覺「我們若一不小心」便會褻瀆她的美感，她的美之為美的背後，那種極為細膩的美學堅持，美感體驗。

穿搭，這兩個字，很有學問。你可以穿一整套名牌，但很聳。你也可以幾件名不見經傳的穿搭，便在人群中熠熠生輝。這是李昀多年來，很努力在推廣的「穿搭哲學」「穿衣美學」。說複雜，很複雜，然則一旦心領神會後，一切又彷彿那麼自然而然了。

李昀這些年，游走海外，致力推動「富而好禮」時，如何選擇適切的穿搭；「鄰家男孩女孩」時，如何走在潮流之中不卑不亢；「上班族」時，如何以有限預算，襯托自己的時尚與優雅；「居家休閒」時，又如何打扮自己於日常的灑脫與自在。然而，她應該回來自己故鄉台灣了。於是，有了這本新書。 幾幾乎，在人的生活領域裡，她沒有不能插手的視角，也沒有不能完成的穿搭！這是我最佩服她的地方，而且，她幾乎從不疲累於推廣「美的事物」「美的好奇」。美，是什麼？美，是可以言說，可以意會，可以學習的嗎？李昀會告訴你答案的，終生受用。

作家／主持人　蔡詩萍

永遠的漂亮寶貝

在我的心目中，妹妹就是「漂亮寶貝」的化身。

國中時我們都讀私立衛理女中，妹妹的愛美讓她這麼年幼，就發展出變美的方法，身上的制服永遠都完美無瑕，尤其制服裙，睡前一定順著裙褶擺疊好，放到床鋪下壓著，第二天又平整又美麗，而我的裙子永遠都是皺巴巴的，像鹹菜乾，非常邋遢。

大學的妹妹更是出落得漂亮，她第一志願是服裝設計，因為書讀得太好，沒有如願地飲恨進了台大。

在那個大家都還是醜小鴨的年代，她已經懂得淡妝，而服裝搭配飾品、鞋子及皮包，顯得時尚品味而有一種特殊風格。我也很愛美，但並不懂得如何搭配，所以總是偷穿妹妹衣服或飾品，參加派對時亮麗出場，成為目光焦點；妹妹的好脾氣忍著借我，但是我很粗心，一不小心常沾到醬油或是汙漬，禱告不要被發現，但那是不可能的，要求完美的妹妹絕不能容忍衣服的瑕疵，最後總是氣呼呼地把衣服丟到我的身上，說：「送給妳了！」

大學畢業後妹妹遠赴美國讀書，美麗的衣服飾品都跟著飄洋過海，而我頓時打回原形，那真是一段沒有色彩的艱辛歲月，而妹妹一直美到美國，又美回台灣，最終把「愛美」變成她的事業，成為「美吾美以及人之美」的形象顧問，將「愛美」發揮到極致。

妹妹就像魔法師一樣，平凡的人，得到她的點畫，都能變成偶像劇的男女主角，她也是一個非常熱心的人，永遠不厭其煩地教人如何變美，在演講教學的時候，除了高雅細緻美麗外，整個人發散一種光彩，一種與人為善的喜悅。

而我，總是孤僻的在旁邊默默的欣賞她，身為姊姊的我，有沒有得到她的庇蔭呢？「妳是藝術家，愛怎樣都可以，完全不需要我！！」這是妹妹最常跟我說的話，讓我鬆了一口氣，看來，我可以繼續放心地邋遢沒關係。

在邁入美的事業整整三十年之際，她花費大半年再度完成這本新作，為「助人為美」又增添一個有利工具，這本書內容豐富，筆調輕鬆，深入淺出，條理分明，稀有動物愛美高材生出手果然就是不一樣。

祝福妳，親愛的妹妹，美的使者，我永遠的漂亮寶貝！

牙醫師／佛朗明哥舞蹈家／畫家

李昕

30而立

入行剛好 30 年，就人而言，正是進入青壯鼎盛的起始，而以職業生涯來看，絕對是到了足以頂天立地的境界。

30 前期，特立獨行，放棄大學教職，投入一個全新行業，好奇心滿滿的我，如魚得水，獨立研發各種執業方式與內容，認真為報章雜誌撰寫專欄，到處演說分享，宣揚全心信仰的內外皆美。

30 中期，開基立業，創建融西貫中的昀式形象理論，客製化企業培訓、大學學分課程、形象專業弟子班、社團機構演講，授課即是生活，樂在其中。

30 後期，不破不立，隻身赴大陸開疆闢土，在一切正待萌發的大地上有如及時雨，與全世界形象專家共同傾注養分，天時地利人和，形象產業快速茁壯，朝陽終於升起。

後 30 期，立人達人，培養人才成為今後最重要的使命，這本集理性與感性於一體的服儀管理紀念作，堪稱美好人生必備手冊，自學成長或學而優則教，相信都能不負使命，完美助力形象提升。

30 年來，非常幸運，有深愛並支持著我的家人一路相伴，尤其年近九旬的母親，始終相信她的寶貝在從事一件大有意義的美事，謹以此書獻給一生愛美的美奶奶。

30 年終於磨成這一劍，看招，請～～～

2022 年 8 月 3 日

Contents / 一生衣事

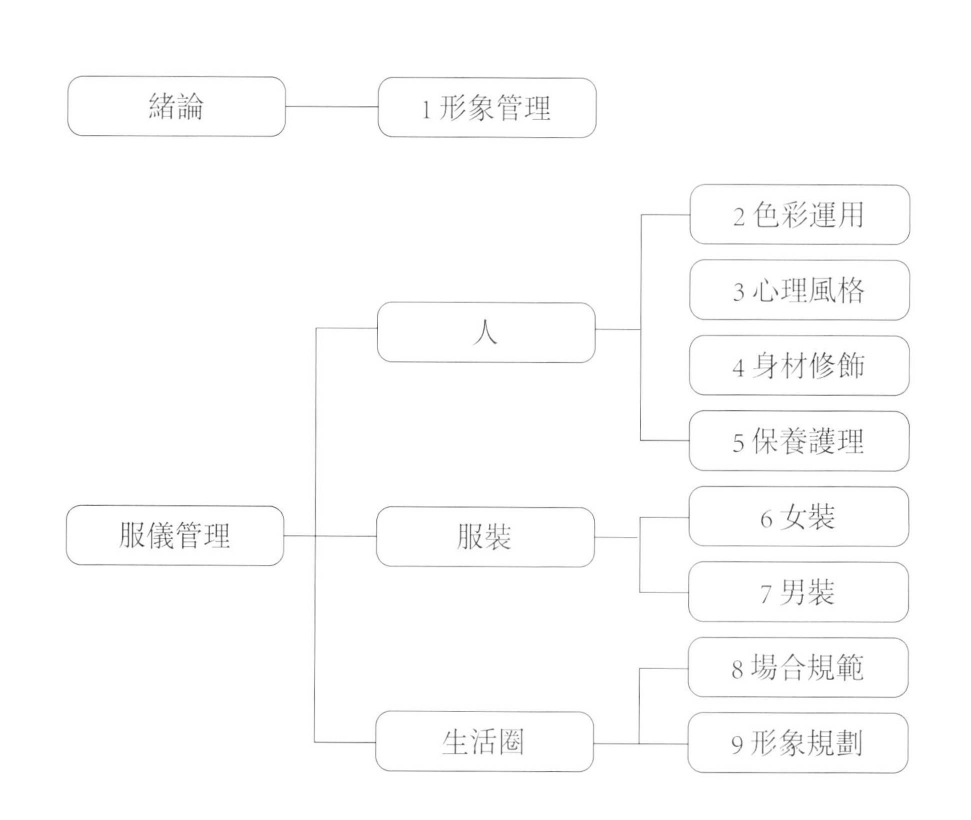

Part 1

緒論

第一章 進入形象管理世界

Part 2
服儀管理——人

第二章 色彩應用

第三章 心理風格

第七章
男性服裝配飾

Part 4

服儀管理——生活圈

一生衣事
——訂製未來的自己

張愛玲說過一句話：
「各人住在各人的衣服裡。」
我與我的衣服
你與你的衣服
他與他的衣服
交會於各個生活圈
表達
接收
辨識
相吸相斥
形塑人生

Forever with Style
-Customize Your Own Future

Eileen Chang once said
“Everyone lives in one’s own clothes”
Me and my clothes
You and your clothes
Zir and zir clothes
Meet in different circles
Expressing
Receiving
Identifying
Attracting or repelling
Shaping one’s own life

緒論

PART

1

第一章

進入形象管理世界

001 個人品牌全攻略——形象行銷模式

1997 年在中山大學開設形象美學課程，為了向學生說明個人形象的重要性，創發「形象行銷模式」，將人比喻成商品，年輕人初入社會正像是新商品上市，有效率地創建個人品牌至為重要。二十幾年來，這個模式被應用在數以千計的形象管理培訓中，直至今日仍然覺得適用。

一件商品從生產者的角度來看，順序應是先製造、再包裝，最後才是行銷，但在消費者的角度而言，順序卻恰恰相反，通常先接觸到行銷，被廣告所吸引，種下印象，再看見精心設計的包裝，經認可後掏錢購買，最後才有機會鑑定商品品質，也就是一般認定的製造核心。

形象行銷模式（李昀 1997）

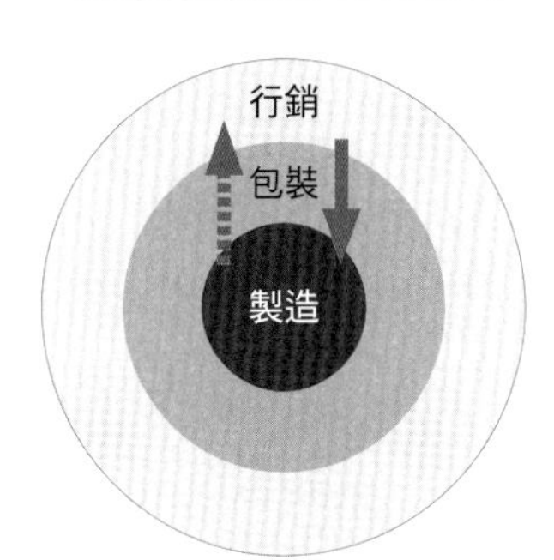

商品上市三步驟

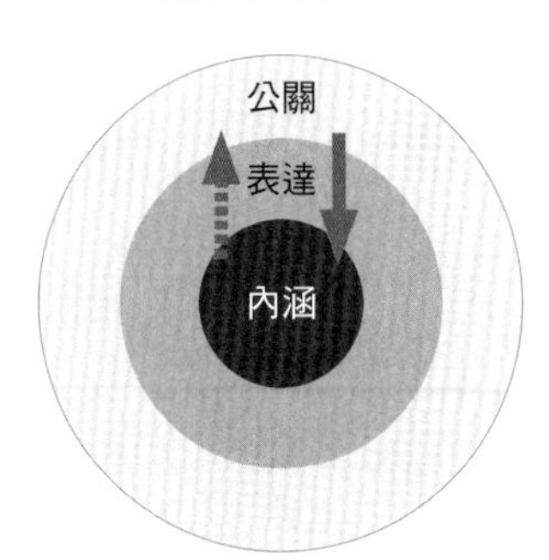

形象管理三步驟

假使人也像商品一樣，期待獲得他人認可，傳統主張是努力充實內在，不斷提高自己的價值；但他人先接觸到的一定是自我公關的成果——先力求被知曉，然後以最高效的方式自我展現，這部分稱為表達能力。當拿到入場券後，才有機會一展長才，讓內在能力盡情發揮。

形象管理研究的正是所謂的全方位表達，最早設定文字、語言、視覺與行為四大表達能力，在當時青年學子普遍不太喜歡閱讀或書寫的年代，總覺得勸說大家好好強化文字能力似乎有些不合時宜，但隨著自媒體時代的全面興起，會寫作，擅拍照，懂裝扮，能說善道，通曉人性，富同理心，把握趨勢，都成為跟得上潮流的重要能力，缺一不可。

當然被放在中間的內在，始終是人的核心素質；考古一張最早的大學課程講義，內在部分以智慧為中心，圍繞著個性、德行、知識、藝能、視野與品味，此時看來，仍覺得合情合理，值得一生追求與努力。

形象行銷模式完整架構

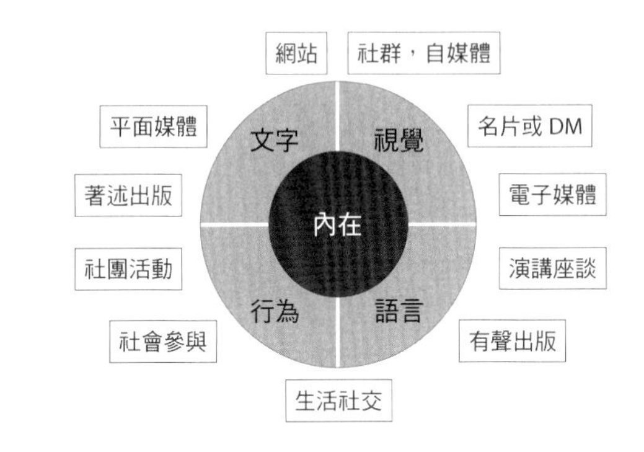

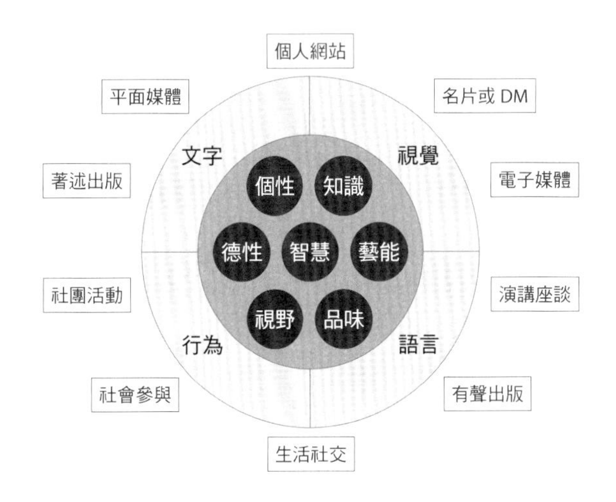

002 史上最簡與最繁形象定義——形象傳播模式

形象傳播模式（李昀 1997）

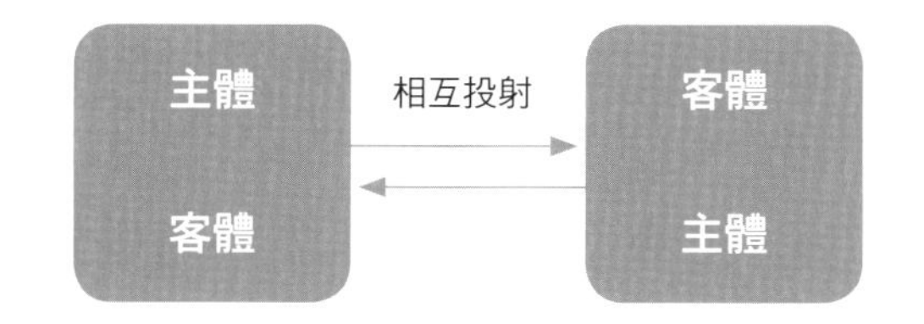

在中山大學任教的第二年，開學第一天在班上提問，「形象是什麼？」得到一個簡單明瞭的答案，「他人眼中的自己」，應該是史上最簡版個人形象定義，一聽就懂。

但身為老師，為了幫助人們了解形象管理的所有關鍵要素，很早就參考 Osgood & Schramm 的傳播模式，完成了「昀式形象傳播模式」，並衍生出最完備版的個人形象定義如下：「與個人相關的人地事物，經由三種傳遞方式（面對面，口耳相傳，大眾傳媒），他人透過四種感官（視，聽，嗅，觸）接收後，在腦中形成的整體印象，該印象與客體本身各項變數（性別，年齡，教育，職業……等）有關。」

傳播循環模式
（Osgood & Schramm 美籍心理學家＋傳播學者）

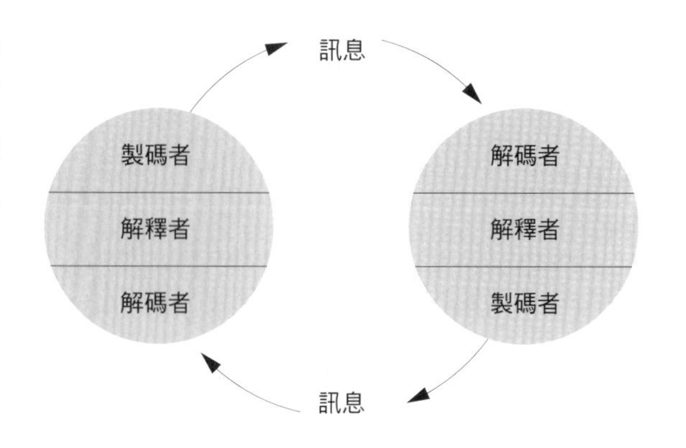

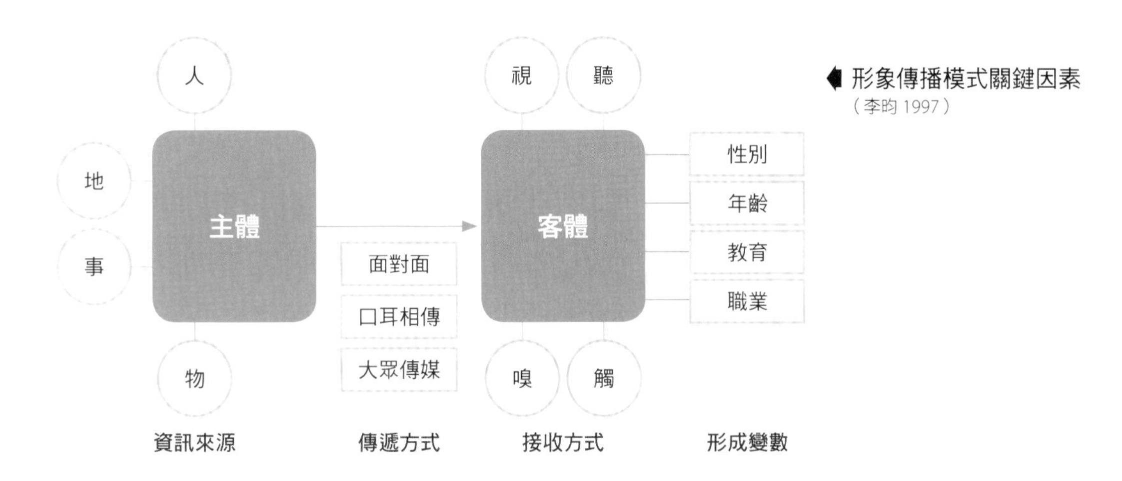

◀ 形象傳播模式關鍵因素
（李昀 1997）

比較以上兩種版本，最簡版一直在各種教育訓練中被引用，最繁版大多應用在個人形象規劃方案中，以企業家 A 為例：

1. 訊息來源決定形象規劃實施範圍：公司內部高管、員工與親友（相關的人），辦公室與住家（相關的地），公私活動（相關的事），隨身物品小至服飾大至車子（相關的物），林林總總，以上所有形象都與 A 息息相關，都涵蓋在 A 的個人形象規劃範疇之內。
2. 傳遞方式決定公關模式，包括媒體策略，企業與個人的自媒體經營，社交群體選定與參與，公關活動設計與執行等。
3. 接收方式決定需要提升的具體項目，涵蓋個人服儀規劃、肢體與儀態訓練、商務禮儀與社交禮儀、人際溝通與公開演講技巧等。
4. 形成變數決定形象目標，分析 A 目標群體的價值觀與好惡，或稱為圈子屬性與次文化，作為 A 個人形象規劃的階段性目標或終極目標。

以上正是國外政商名流進行專業整體個人形象規劃的全貌，一般人為自己做形象規劃，也可以參考這樣的模式。

003 4D形象管理——全新的身心社會美學

進入形象管理行業已經三十年，從最初到最近，昀老師至愛的這個行業依然被稱為朝陽產業，個中滋味不免有些複雜，喜的是自己眼光獨到，起步甚早，憂的是這朝陽未免升起得過慢，因此持續有效率地傳播形象學說至關重要，這也成為繼續出書的最大動力。

形象管理，一個所謂發展中的學科，學術界尚未完全認可並接受，也許正是它最引人入勝的地方，身在其中可以不斷學習，創新整合，盡情發揮。而這個始於八〇年代的新行業，經過四十幾年演進，當今最前沿的國際形象管理究竟是何樣貌？

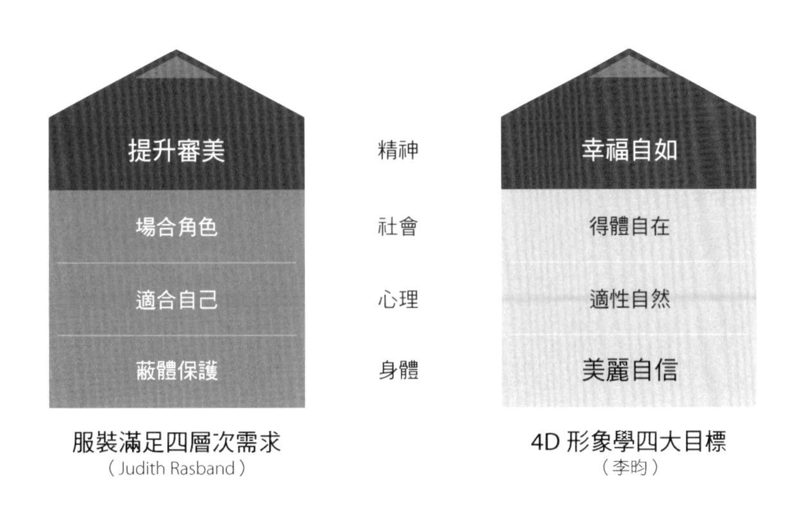

幾年前知名美籍形象管理專家茱迪絲．瑞斯班（Judith Rasband）去北京授課，在課堂上發表她的自創新名詞「Physiopsychosocio Aesthetic」，當場我將其譯成「身心社會美學」，茱迪絲認為形象管理包含身體、心理、社會、精神四個層面，並為之分別定義。

巧合的是我在 2012 年出版的《贏在形象力》一書中，將最新的形象管理學定位為 4D 形象學，其中的形象四維度（4D）同樣也是身體、心理、社會與精神，但四項目標卻略有不同，茱迪絲的身體目標是蔽體保護，精神目標是提升審美，而我則將審美當作身體層面、也就是形象管理的首要目標，至於精神層面，應用吸引力法則與心靈力量，想什麼必先像什麼，然後很快便心想事成，讓形象管理一舉成為訂制未來幸福人生的利器。接下來將逐一談談我的 4D 概念。

004 就是要你好看——形象身體理論

4D 形象學其中第一個維度是身體，這是早期形象設計時期最關注的主題，目的是讓人瞭解自己的身體特徵，再做出揚長避短方案，事實證明其中大多數技巧到現今仍然適用。

八〇年代形象行業崛起於美國，最初的理論與方法便是遵循身體理論，重點在幫助女性穿著打扮得更美麗，諮詢內容從個人色彩診斷到體型修飾與化妝髮型建議等。在發展過程中，方法日新月異，從臉型、五官、身體線條、形狀、質感與量感、比例到各部位的尺寸等，無所不用其極地逐一診斷並開出處方，其中最具代表性的著作《*The Triumph of Individual Style*》，作者是美籍資深形象專家卡拉．馬席絲（Carla Mathis），她將女性身體比喻為藝術品，在書中應用世界名畫作案例與示範，極為賞心悅目。

但也有一部分顧客反應，早期參與形象諮詢時，像是被以放大鏡檢驗一般，無所遁形。記得當年還是

外在診斷：身體特徵分析與美化

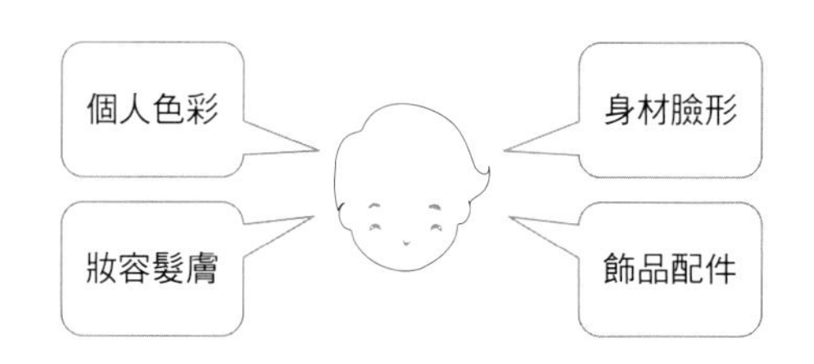

菜鳥形象顧客時，按照啟蒙老師的教導，要求顧客換上韻律服，將她們的身形畫在大幅紙張上再做詳細分析，顧客穿著緊身衣時不自在的神態至今歷歷在目，因此形象顧問在做身體諮詢時，方法應更為體貼，小心維護顧客的自尊與自信，幫助顧客發現自己從未發現過的美，才是身體諮詢的終極目標。

形象身體理論在經過十年高峰期後，漸漸產生新的檢討，人真的只是用身體在穿衣嗎？或其實更多是用「心」穿衣，符合身體特徵但與個性相左的裝扮方式，真能帶給人愉悅自在與美嗎？這些思考帶領我們進入下一個階段，也就是心理理論。

005 傾聽內在聲音——形象心理理論

形象管理的第二個維度是內在，也就是對心理的關注，初期依照傳統身體理論，無法滿足所有人的需求，尤其是身體特徵與內在特質矛盾的人，昀老師本身正是如此，小骨架，中等身高，屬於嬌小體型，按身體理論適合小型花紋、小飾品與小皮包，但偏偏個性卻十分張揚，什麼物件都是越大越好，在形象諮詢過程中，類似的個案比例相當高，於是心理理論應運而生。

九〇年代初，美籍形象專家艾麗絲・帕森斯（Alyce Parsons）率先發表「環球風格」（Universal Style），先以問卷做心理分析，再確定人的裝扮風格，獲得全世界形象顧問的一致認同；同時期另一位美籍專家茱迪絲・瑞斯班（Judith Rasband）也提出「陰陽理論」，從外表、動作、聲音、個人喜好等全方位探討人的形象定位，雖然普及性不及前者，但也獲得廣大迴響。近年來還有取材自東方卻在西方大放異彩的五行風格理論，先將人按個性分為金木水火土五種類型，再賦予更詳盡的形象建議。

我的心理風格研究開始於 1995 年，當時正處於三年來累積的個人形象諮詢個案中的種種矛盾困境中，亟待突破，恰巧接觸到「環球風格」，經仔細研究後，創造出更適合東方文化的「八型女性心理風格」，2008 年又再創更簡潔且男女通用的「職場四型風格」，這些都是形象規劃與培訓的重要工具。

內在探索：心理風格檢測

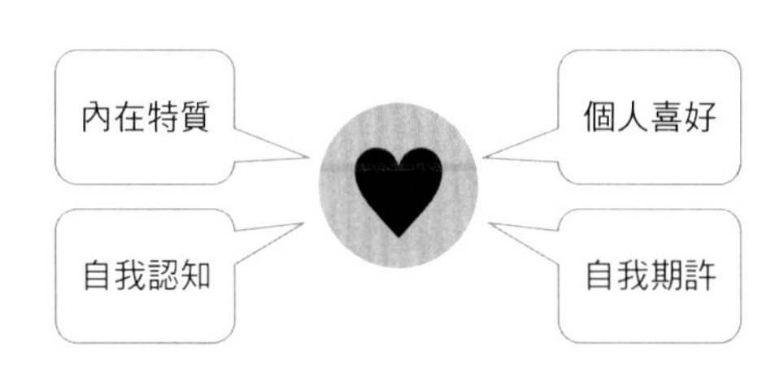

先前提到的身體理論大師卡拉・馬席絲（Carla Mathis），在後來的個人形象諮詢中，也加入許多圖像心理諮詢，更細膩的探討顧客內在世界，讓她的形象諮詢服務在業界獨樹一幟，備受肯定。

總之，現今的形象顧問大多會在身體理論之外，或者說之前，選擇自己所信服的心理風格理論，替顧客做出風格定調，才能協助人們展現內外合一之美。

006 為社會角色存在——形象社會理論

到了九〇年代後期，形象學說開始從個人層面向外擴大，邁入了所謂社會關注期，形象在此時正式被冠上管理二字，終於取得些許學術地位。

形象管理（Image Management）將所有溝通表達方式都納入研究範疇，整合出四大表達方式，包括靜態視覺、動態視覺、行為與語言，逐一解說如下：
靜態視覺表達是指服裝儀容，重點在研究服裝所代表的意義，以及如何根據溝通目的做好服儀規劃。在這個階段為了滿足社會角色與場合需求，得體恰當成為裝扮的首要目標；個人形象規劃除了身體與心理兩大重點，還必須加入社會層面的十一項變數，包括行業、部門、職位、企業文化與同儕效應等恆常變數，以及時間、地點、場合、對象、角色與訊息等隨機變數，在本書最後章節將有詳盡應用說明。
動態視覺表達包括肢體語言與姿勢儀態，在第一印象中，其重要性與服裝儀容不相上下，都是瞬間便能接收，自然成為判斷個人素養的重要依據。

社會層面：全方位表達能力

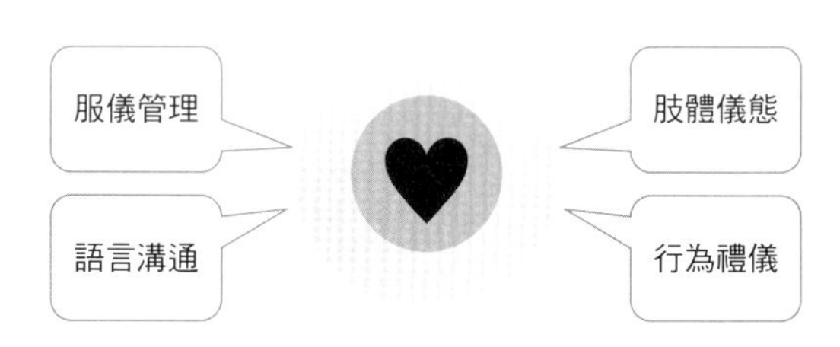

行為表達主要是指待人接物的禮儀展現，從生活、社交到商務禮儀都需要不斷提升，且擴大到所謂國際禮儀範疇，才能時時處處受人尊重。
語言表達包括人際溝通技巧與發言演講技巧，前者是小範圍與人對談互動，後者是在公開場合暢抒己見，透過語言能夠更深入展現內涵與修養，在長期印象中至關重要。
有了社會層面議題的注入，形象管理獲得更廣大的認同，學校開始設置相關課程，企業為高管進行個人形象訂製，對員工展開形象禮儀培訓，形象管理成為進入社會重要的軟實力之一，對自己未來有更高期許的人，紛紛加入形象管理的學習行列。

007 行業與社會期望值

形象管理發展到了社會層面，一個人的服裝儀容不只要滿足個人需求，更需要在社會上獲得他人甚至眾人的認同，於是有幾個與社會認同相關的重要概念，將在此一併釐清。

首先是社會期望值，也就是對特定的人抱持特定期望，在這裡先以最簡便的方式——職業作為分類；從事相同職業的人大致說來應該有一些共同人格屬性，符合相應屬性才能如魚得水，否則必定有些勉強，因此我們對不同行業的人有不同期望，在此將社會期望值做以下分類，按照自由度分為四大類別。

第一類：最保守的行業

涵蓋法律、政治、金融保險及顧問，這類從業人員的共同特質包括嚴謹、負責、可靠等，在社會上這些人通常需要很高的專業度與信賴感，因此在裝扮上必須盡量保守且正式，才能贏得他人認同。

第二類：較保守的行業

包括高等教育、醫療、高級觀光業與高端銷售如汽車房仲等，這個類別有一部分同樣需要很高的專業度，但相較於第一類，屬於跟人密切往來的軟性職業；另一部分是與高消費或高要求顧客打交道，為了贏得信賴感，必須時時刻刻保持良好形象，這兩類人在工作時，裝扮必須專業與親和力兼具。

社會期望與行業

服儀標準	行業
最保守	法律，政府機構，金融保險，會計，企管顧問
較保守	高等教育，醫療，高級觀光業，房地產汽車銷售
較自由	中等與初級教育，補教，社工，廣告，傳播，高科技
最自由	設計，表演，藝術，製造，小型餐飲，零售

第三類：較自由的行業

包括中等與初級教育、補習教育、社會工作、廣告、傳播與高科技等，前三種明顯是與人密切溝通，並有引領與輔導性質，營造親和力格外重要；至於廣告與傳播業需要較多創意，因此在形象上可較為放鬆；最後一類恰巧相反，工作對事不對人，與人接觸少，職場裝扮可偏向休閒。

第四類：最自由的行業

包括設計、表演、藝術、製造業、小型餐飲業與零售業等，前一部分與創意有關，裝扮多半較為率性，後一部分屬於體力勞作，裝扮以方便舒適為主，兩種都無須太受限制。

俗話說「做一行，像一行」，可見社會期望值早在形象管理之前便已經存在，千萬不要輕忽它的重要性。

008 對美的共識——主流審美觀

關於服裝審美有沒有一定標準，這是一個非常值得思考的問題，記得多年前在中山大學任教，曾經發生過一件趣事，一位女同學在個人服裝發表活動中，穿著白衣黑褲，服裝很普通，襯衫有點皺，長褲有點短，鞋子有點舊，但語言表達非常精彩，說得頭頭是道，點評時我指出她的白襯衫皺了點，她立刻反駁說她認為不皺，接著在班上引發一陣討論，全班還為此投票表決，認為太皺了的人數顯然較多。

當時她緊接著提出一個觀點，讓我大吃一驚，她說：「老師，我認為妳很專制，為什麼在課堂中只有妳說了算，我們就不能有自己認為的美嗎？為什麼都得聽妳的？」這句話有如當頭棒喝，真是如此嗎？我謝謝她提出如此發人深省的問題，要求帶回家好好思考，下週再回答。

思考一整天，第二天才整理出來，假使一個人獨處，無須與人互動，美這件事並不需要與他人有任何共識，但當我們開始與人溝通，尋求認同，或在意自己的形象是否恰當，此時美也像其他事務一樣，必須放在共同的標準下被檢驗。你自認為穿得美，但他人都搖頭，這就表示你的審美脫離所謂「主流審美觀」，而主流審美從何而來，主要是仰賴媒體放送，將源自於歐洲一線設計師

主流審美與個人審美

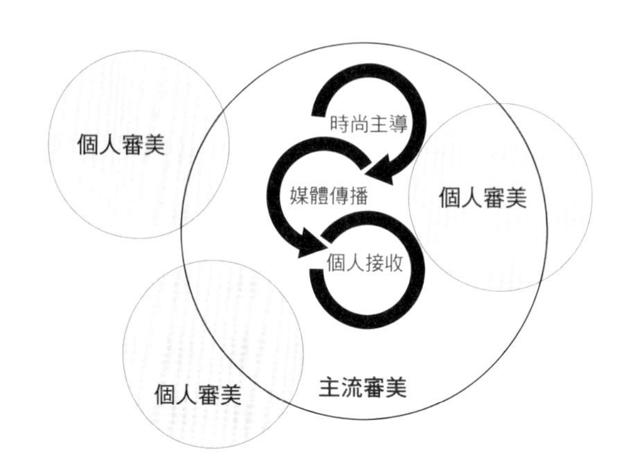

提前一年半的服裝大秀概念傳播出去，再進一步將各品牌當季服裝，或經由名人、或經由T台送到網路上，現今自媒體力量也不容小覷，網紅 youtuber 也時時刻刻都在向人們傳遞所謂的主流審美。

形象顧問的工作之一便是在努力瞭解主流審美，並有效傳遞給需要的人，當然主流審美也有地域性或圈子特性，未必是全球一致，因此對審美的研究與關注實在是一件永無休止的大哉問。

就這樣以主流審美的必要性在第二週回答了學生的質疑，下課後女學生向我道歉，說自己態度不佳，我則是真誠謝謝她提出這麼重要的問題，於是最後相視一笑，喜劇收場。

009 裝扮背後的人格特質

除了社會期望值與主流審美觀，再進一步探討服裝儀容何以如此重要，人與人互動，大家真正在意的是彼此的服裝或髮型，還是每一種裝扮所代表的人格特質呢？

記得多年前聯合報做過一篇關於社會新鮮人特質的專題報導，針對各大企業機構高管做調查，以下哪些特質在面試時最受重視，得分最高是態度 94%，依序包括工作穩定度 64%，團隊精神 57%，學習精神 49%，專業能力 45%，彈性應變力 44%……得分低於 10% 的包括禮儀、創新能力、吃苦耐勞、國際觀，以及吊車尾的服裝外貌，乍看大吃一驚，似乎有人要砸了昀老師的飯碗。

再仔細深思，假使一位主管被問到，你在意面試者的服裝外貌嗎？多半立刻否認，畢竟以貌取人聽起來不夠專業，但試想這些獲得高百分比認同的特質是如何被分辨出來的，短短十分鐘，幾個關鍵問題的回答，這些重要特質難道不是被「看」出來的嗎？不是以特定裝扮方式展現出來的嗎？主管最在意的「認真的態度」正是以「認真重視自己的服裝儀容與儀態禮儀」被鑑別出來的，其他每一項重要特質也無一例外。

面試裝扮與人格特質相關性

人格特質	裝扮方式
（認真）態度	認真注重服儀表現
專業	正式的職場服裝
親和	明亮色彩，軟性線條
可靠	不奇裝異服
勤快	俐落的裝扮
細心	裝扮整齊，注意細節
衛生	服裝儀容整齊清潔
了解趨勢	時尚感
富創意	裝扮上的新點子
合群	符合社會期望
守紀	遵守團體規定與默契

其中一項較有爭議的便是時尚感，許多人自認工作性質與時尚無關，但穿著太過時，數十年不變，除非極少數躲在研究室的學者，大多數人都會被認定是缺乏與時俱進的能力；此外連勤快與否都能看出來，曾見過一位穿著迷你窄裙與超高細跟鞋的工讀生，老師看了都不敢請她跑腿，不到兩週就從辦公室消失，穿著不俐落就是缺乏工作動機的表現。

在我們的文化裡，人人都不願承認自己以貌取人，但其實人人都在以裝扮相互解讀，什麼人穿什麼衣服，什麼衣服什麼人穿，半點假不了。

010 形象風險自負

繼社會期望值、主流審美觀、服裝與人格特質之後，還必須該談談形象風險，前三者是胡蘿蔔，最後這一項顯然就是棒子，對於屢勸不聽者，只能祭出這最後一招。

個人形象管理意識自八〇年代初啟蒙至今，每隔一陣子便會因為名人出格裝扮而登上新聞版面，臺灣最著名的案例，當屬內外形象反差極大且我行我素縱橫國際多年的小妹大陳文茜女士，最初她的形象也曾遭熱議，但因密集在媒體曝光，豐富內涵很快便征服視聽大眾，獨樹一幟的外型反而成為鮮明個人標誌。
但類似的成功案例極少，大半新聞人物的形象爭議都以「難怪」收場，如前英國首相梅姨嗜穿豹紋鞋，使得外界對她的穩定執政始終抱持懷疑態度，美國前總統川普天天一條惹眼的大紅領帶，行為總是不按牌理出牌，英國首相強生永遠的一頭亂髮（在出書過程中，強生已經成為前首相，似乎又是一個難怪）……種種因形象造成負面影響的案例不勝枚舉。

即便一般人也會面臨形象危機，多年前臺灣曾發生過中學老師上課能否穿短褲拖鞋的爭議，老師們在校門口拉白布條，抗議學校管太寬，認為穿著是個人自由，學校無權干涉；但引起校方注意的是家長的投書，家長認為老師是孩子的榜樣，理當有一定的自我約束，穿著太隨便，樹立不良示範，還記得當時的教育部長面對媒體訪問時，只說自己在美國大學任教時穿著也是極為輕鬆，言下之意學校似乎不該介入。

針對這個新聞事件，有媒體諮詢形象顧問——也就是昀老師，當時便提出形象風險的概念，機關團體明文訂定服裝規則既不受歡迎、也有違人權，抗議或處罰更傷和氣，其實個人形象風險自負，如果因服裝儀容不符合社會大眾認知而造成的任何負面印象，有損的是當事人自身的形象；然而就團體而言，一榮俱榮，一損俱損，學校規勸也在情理之中。

而服儀不符大眾認知的聯想多半極為負面，包括對人對事的態度輕忽，想藉此引人注意，自我中心旁若無人，缺乏常識，個性叛逆故意為之等，在了解形象風險概念後，相信大家會更有意識地做好個人服儀管理，避免引發不必要的爭端與危機。

降低形象風險

形象知識 ↑		
	低意識 高知識 我行所素 －需要觀念啟發	高意識 高知識 事半功倍 －贏在起跑點保證勝出
	低意識 低知識 麻木不仁 －需要觀念啟發與專業協助	高意識 低知識 事倍功半 －需要專業協助

形象意識 →

011 先做到像就對了——形象精神理論

談到精神法則，在形象管理學派中只有少部分顧問涉獵，稱為全形象美學（Wholistic Image Aesthetic）或全形象管理（Wholistic Image Management），而昀老師正是其中已將吸引力法則完整融入自創的 4D 形象學，並實際應用在形象諮詢服務中，且取得不少成功案例。

吸引力法則究竟和形象管理有什麼關聯？眾所周知的吸引力法則操作三部曲，第一設定目標，第二相信，第三目標達成，看似簡單的公式，為何並不總是靈驗，其中最難的關鍵便是相信，如何在等待目標達成的過程中一直堅信，很多人熬不過這一關，中途便放棄了，放棄的理由很簡單，因為目標抽象且遙遙無期，而 4D 形象學恰巧可以幫助你將目標具體化。

「像」啟動正向循環

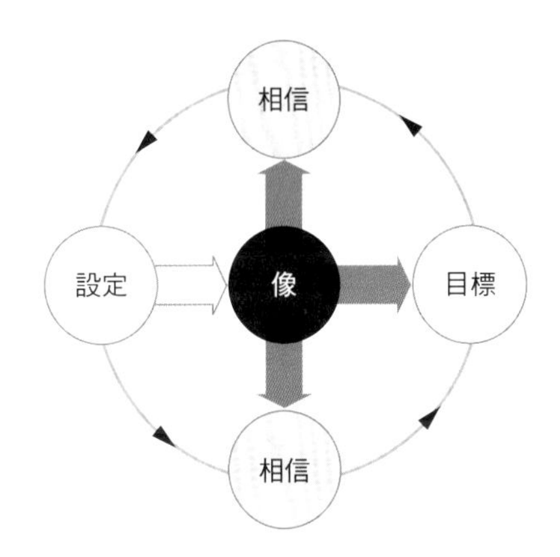

目標形象拼圖

操作方法是在形象規劃的初始，請顧客寫下長期與短期人生目標，長期目標作為參考，先根據短期目標，打造現階段個人形象，假使此刻就能「像」你的目標狀態，而且是穿得像，動得像，做得像，說得像，各方面都已經像這個目標，不僅自己相信，他人自然也就信了，目標的達成於是指日可待。

因此形象顧問替大家解決的是吸引力法則中最困難的部分，先讓你像，先像，很快就是了。我的一位學生安娜，多年前使用這個方法，天天妝扮得像高管，言行舉止也像高管，當然她的能力無庸置疑，只是剛入職時缺乏相關資歷，只能暫時屈就，但因為她的目標明確，且操作精準，才三個月便獲得晉升，薪水提高兩倍，這個案例在當時為 4D 形象學初始注入了一劑強心針，讓未來的發展與推廣信心百倍。

012 心想事成人生觀

吸引力法則和形象管理究竟有什麼關聯，必須從人憑藉著努力到收穫的過程說起。傳統人生觀認為人必須先做，不斷努力，才會擁有想要的成就，最終達到目標，這是一種先做（do），再有（have），最後是（be）的流程（見圖一），這個「做一有一是」概念在傳統文化中是千古不變的真理，人必須只問耕耘不問收穫，到頭來才有可能成功。

圖一　傳統人生模式（做一有一是）

傳統人生觀

DO　做：努力去做

HAVE　有：也許會有

BE　是：很久以後可能是

而現在有些人總是想著如果我有更好的條件，就能做更多事，才能成為一個成功的人。這種人生過程是先有，再做，最後才是，「有—做—是」人生觀（見圖二）比起第一種更為消極，總在抱怨有的不夠多，因此才做不到，為無法達到目標找藉口，當然更難成材。

吸引力法則提供了一個全新人生觀，強調先設定目標，並堅信自己已經「是」這個狀態，再努力去做，在強大信心下，努力的過程將大幅縮短，於是很快便能擁有你想要的一切。這是一個先「是」，接著去「做」，再必然「有」的流程（見圖三），「是—做—有」的人生觀比前面兩種更積極進取，且在吸引力法則的運作下，效果驚人。

圖二　消極人生模式

消極人生觀

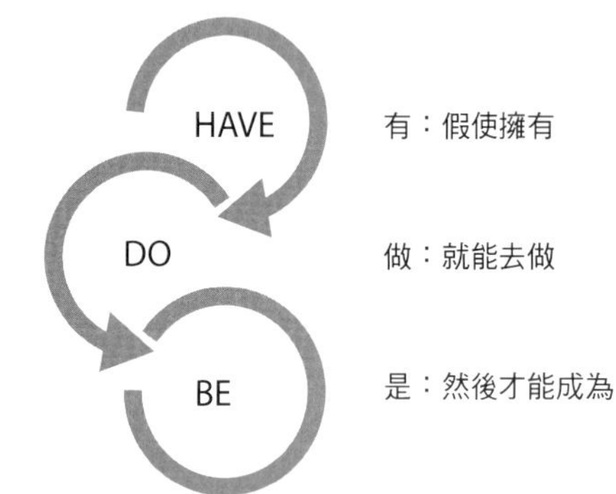

有：假使擁有

做：就能去做

是：然後才能成為

圖三　吸引力法則模式

心想事成人生觀

是：從目標形象出發

做：信心滿滿地做

有：必然很快擁有

比較上面三種人生模式，幾乎人人都願意相信第三種模式，換個角度說，即便你不相信，人生並不會變得更好，何不給自己一個機會，也許就真的心想事成了呢！

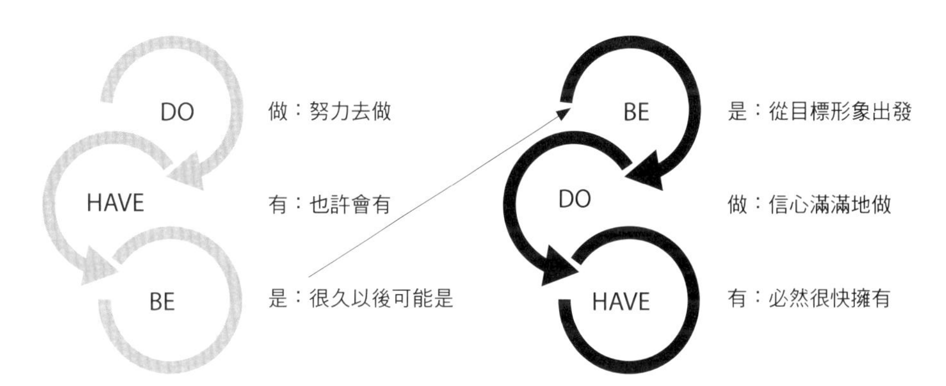

013 好形象助力正向循環

◀ 形象創造成功，成功吸引更成功

在操作「是—做—有」的人生模式時，一開始很難相信自己已經「是」這個狀態，《與神對話》（*Conversations with God*）的作者尼爾・唐納・沃許（Neale Donald Walsch）提供了一個很好的方法，他說要啟動這個循環，必須直接先去「是」的那個樣子，做得好像「是」的狀態，做久了就會真的變成那樣。

換句話說，假使你認為成功很重要，將成功設定為你的人生目標，就先要相信自己就是成功者，而且必須先做得好像是成功者的樣子，不久就能將成功吸引到你身邊，於是就真的成功了。

其實這個道理也沒有什麼玄妙之處，一個想成功的人，必須先將自己扮成為成功者的樣子，這個所謂「扮」，包括衣著、儀態、談吐與禮貌等；以成功者的形象與人接觸時，一定能贏得更多肯定，這些肯定又有助於提升自信，良性循環就此產生，久而久之，成功是必然的。

因此還是這句話，就算是不確定吸引力法則是否奏效，只要相信形象良性循環說，就知道形象管理為何對每一個人而言，都是如此重要。長久以來，有不少人認為等到成功了，有面對人群甚至媒體的需求，再請形象顧問進行形象規劃也不遲，這就是所謂的本末倒置。

好形象一天都不能等，形象管理是幫助我們先直接去「是」的最佳途徑，要想做得好像「是」的樣子，一定要系統化學習，透過形象管理，讓自己達到最佳「是」的狀態，盡早啟動良性循環，更自信地去「做」，並享受「有」的豐美果實。

014 內修外練的人生美學

常有人問道，如何才能提高審美能力，依昀老師之見，審美大部分是後天養成，從小耳濡目染最有效，我的父親是一位無師自通的生活美學家，他的座右銘是人不能不會玩，只會讀書不懂得生活，那就太可惜了。

小時候住在父母自建的一棟小樓，客廳牆上有一個多格古玩架，放滿父親精心收藏的各式小物件，客廳與餐廳之間隔著一道圓拱門，父親總是得意地站在客廳，欣賞著拱門滑順對稱的優美弧度，描述當時親自監督修葺的情況，這些充滿逸趣的裝飾，應該都是復刻他兒時記憶中的書香老宅第。

雖然家境只是小康，父親讓我們三姊弟學鋼琴、繪畫與舞蹈，經常帶我們去打籃球，半夜挖起來看少棒與登月，週末去西門町至少得連看三場電影外加上館子，一起在電視上看京劇還附帶講解，任何新上市家電總是在第一時間購置，說享受要趁早，更難得的是身兼美食家與營養專家，天天親自下廚照顧全家人的味蕾與健康，這些吃喝玩樂與送我們進學費昂貴的私立學校，寒暑假講論語以及兩天交一篇作文，在父親眼中同樣重要。

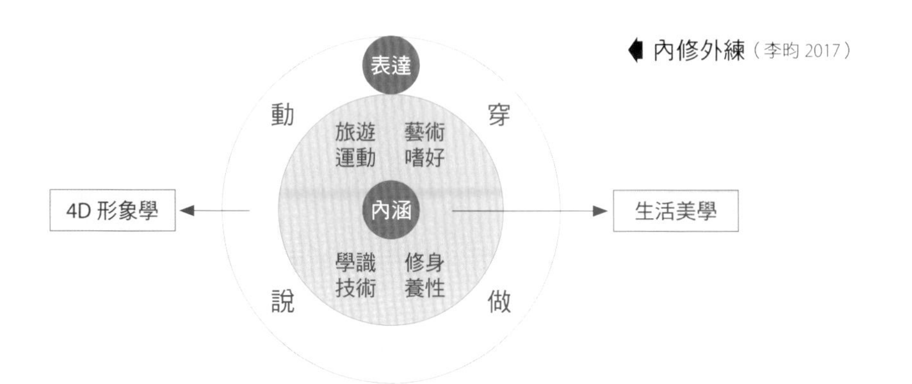

內修外練（李昀 2017）

良好生活習慣也需要從小養成，李家著名家訓是不可隔室呼喚，必須到人跟前說話，絕不能大聲叫嚷；用餐採公筷母匙分食，食物不可凌空直接入口；吃點心零食以小碟子裝盛，不能邊走邊吃；自從遷入市區大樓居住，家中所有椅腳都穿上厚襪子，家人走路動作都得放輕，才不致打擾鄰居。

更有趣的是父母親都非常愛美，出門前一定精心打扮，說是郎才女貌一對璧人絕不誇張，對孩子們從青春期開始的裝扮實驗也十分支持，見到念高中女兒的奇裝異服，也僅是弱弱的問一句，街上的人都這麼穿的嗎？

是的，很幸運成長在這樣的環境，生活即是美。朋友們，即便錯過童年，一切都不晚，近年來生活美學教育百花齊放，茶、花、香道，烘焙與廚藝，咖啡與紅酒品鑑，藝術欣賞，人文行腳，主題旅遊，運動健身，心靈療癒，有了美的陶冶，內在自然豐盛強大，再加上形象學強調的表達能力，內修外練，傾其一生，終將成就最高版本的自我，幸福滿盈。

015 形象管理ABC

回首形象顧問生涯三十年，一路走來，一定得提到AICI（Association of Image Consultants）：國際形象顧問協會。早在 1995 年，入行第三年，經外籍啟蒙老師引介，認識了這個協會，當年立刻入會並前往華盛頓參加國際年會，二十七年來在這裡收穫到最新的國際專業新知，認識許多資深業界專家，更因此發現原來大陸的形象行業已經與國際接軌；之後憑藉著北京分會友人的關係，到對岸分享我的形象培訓經驗，十幾年之間，指導千名以上形象顧問，並透過英翻中讓更多學生與同業接受外籍專家的培訓，在我心目中，AICI 是我的學校，裡面的老師、同儕與學員，大家相互學習與支持，像一個溫暖的大家庭。

四大表達與三大要素

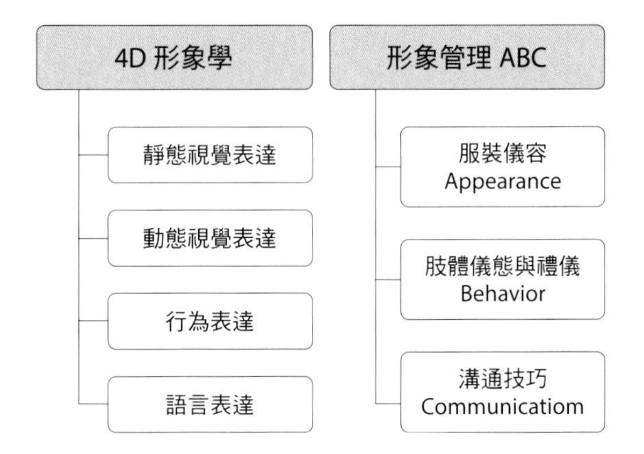

AICI 十幾年前為形象行業訂下簡單明瞭的範疇——形象管理 ABC；A（Appearance）：服裝儀容與場合規範，B（Behavior）：行為禮儀與肢體儀態，C（Communication）：語言表達與溝通技巧，恰巧與 4D 形象學中的四大表達能力殊途同歸。

為了便於記憶，將動態視覺表達歸入行為禮儀之中，在演講或與朋友分享時，只要說出形象管理 ABC，很快便能朗朗上口，如此也能讓普羅大眾了解昀老師不只是坊間所謂的「美姿美儀」老師，形象管理顧問的專業涵蓋了全方位表達能力。

經過一番思索，本書主體將集中講述形象管理中的第一項 Appearance（服裝儀容），原因無他，在僅有的三秒至七秒第一印象中，占比最大的就是服裝儀容，為了贏得最佳第一印象，好好裝扮至關重要，啟動個人形象管理，服儀先行便是鐵律。

人

服儀管理

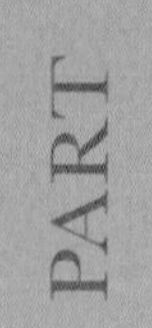

2

第二章

色彩應用

016 色彩是人的第一張名片

睜開眼睛，色彩便出現在我們面前，接觸色彩超過一甲子，有一半時間在認真研究色彩，請問你跟我一樣「好色」嗎？不管喜歡與否，十米之外，最先被人接收到的就是你的色彩。

從小到大，許多人都經歷過數次對色彩喜好的改變，初中讀寄宿的衛理女中，從睡衣浴衣到寢具全是黃色，成年後很長時間酷愛蘋果綠，五十歲後遷居北京，從未青睞過的藍色竟然成為最愛，這幾年又鍾情於乾枯玫瑰（莫蘭迪粉），人對色彩的感覺隨心境而轉變，十分有趣。

除了喜好，或許也有過用色的失敗經驗，剛上大學買的第一支口紅是少女想當然爾的粉紅，擦上竟然滿臉蠟黃，第二支看似不討好的古銅色卻瞬間容光煥發，非常意外。年輕時喜愛戶外運動，總是曬得黝黑，媽媽勸我不要穿鹹菜色，說臉色一定慘淡嚇人，叛逆的雙十年華怎聽得進去，硬是買了一件錫蘭黃（＝鹹菜黃）大棉袍，穿起來真的就是一整棵酸菜。

後來進入形象行業，從主觀到客觀，努力學習關於色彩的一切，了解色彩對身體、心理、社會角色與形象訊息投射的多重價值，越發肯定和色彩成為好朋友有其必要。

綜合以上，人對色彩的喜好部分來自內心深處，部分來自鏡前的自我感覺，部分來自他人的評價，讀完本書後，希望還有一部分可以來自專業建議，因為不論在不在意，色彩就是我們的第一張名片。

017 色彩診斷誰說了算

曾聽人抱怨過，為什麼 A 顧問說我是春季型，B 顧問卻說我是冬季型，究竟哪一個才對？形象同行間偶爾也相互質疑，北京分會好友海倫堅持認為昀老師是冷色，而我卻百分之百確定自己是暖色，對色彩分析的矛盾與質疑，是不是推翻了它的根本存在價值。

其實色彩診斷既不科學也不客觀，更多是形象顧問的主觀判斷，因此隨著顧問本身的審美觀與居住地色彩類別人口比例的不同，難免產生歧見。審美方面首先有文化差異，東亞三國中日韓特別崇尚膚白，西方人並不認同，還有個人差異，多數顧問主張用色應與人盡量和諧，但也有人主張服飾妝容應跳脫且搶眼才好。

至於人口色彩比例，寒帶冷色人占比偏高，熱帶則暖色人居多，因此東南亞很難見到冷色，而日本相對暖色案例較少，這也說明全世界顧問的判斷為何分歧如此之大。再加上針對其他人種的膚色樣本偏少，顧問對於與自己相同人種的色彩診斷，必然更有把握。

初期從事形象工作，曾經歷過對色彩分類的執著，在化妝品牌講座中，建議人人只需兩支正確口紅，讓經理當場變臉；更誇張的是在珠寶公司 VIP 沙龍，提到南部女性膚色偏暖，只能配戴金色飾品，之後才發現店裡所有昂貴珠寶竟都是鑲白金，超尷尬。

經過多年，閱人無數，發現冷暖並非絕對，約有 30% 的人冷暖都能駕馭，除了冷暖，更重要的是對比度，對比度與外型及個性甚至社會角色都有關，掌握好對比，勝過對冷暖分類的堅持。

隨著時代推進，年輕人越來越不喜歡受限制，早期顧客拿著色卡滿意地照做，近年來顧客卻常問：「只有這些顏色能穿嗎？」當然不，最符合現代人需要的是變色技巧，先了解自己的色系，再根據喜好與需求而改變，透過化妝染髮戴美瞳，想穿什麼色彩都不是問題。

找到你信賴的形象顧問，跟得上時代趨勢的形象顧問，審美觀讓你折服的形象顧問，體貼入微的形象顧問，你的個人色彩規劃，就交給他了。

018 溯源色彩分析理論

談到形象顧問這個行業，不得不從色彩分析談起，1980 年美籍色彩專家卡洛·傑克森（Carole Jackson）出版《*Color Me Beautiful*》一書，提出四季色彩理論，將人按照外在特徵——髮色、膚色與五官，分為春夏秋冬四種色彩類型，引爆人們對於自身形象的好奇與重視，色彩顧問也就是形象顧問的前身，因市場需求應運而生。

在 1990 年無意中讀到一本二手翻譯本，獲得極大啟發，美學與科學在此相互碰撞，幫助人們提升審美，既有趣又有意義；隨即透過同學在美國購得原版，書的末頁有個小方塊，寫著「如果你對色彩分析感興趣，這裡提供專業培訓，請與以下地址聯繫」，從此展開我的人生新頁，為「一本書改變人的一生」提供完美見證。

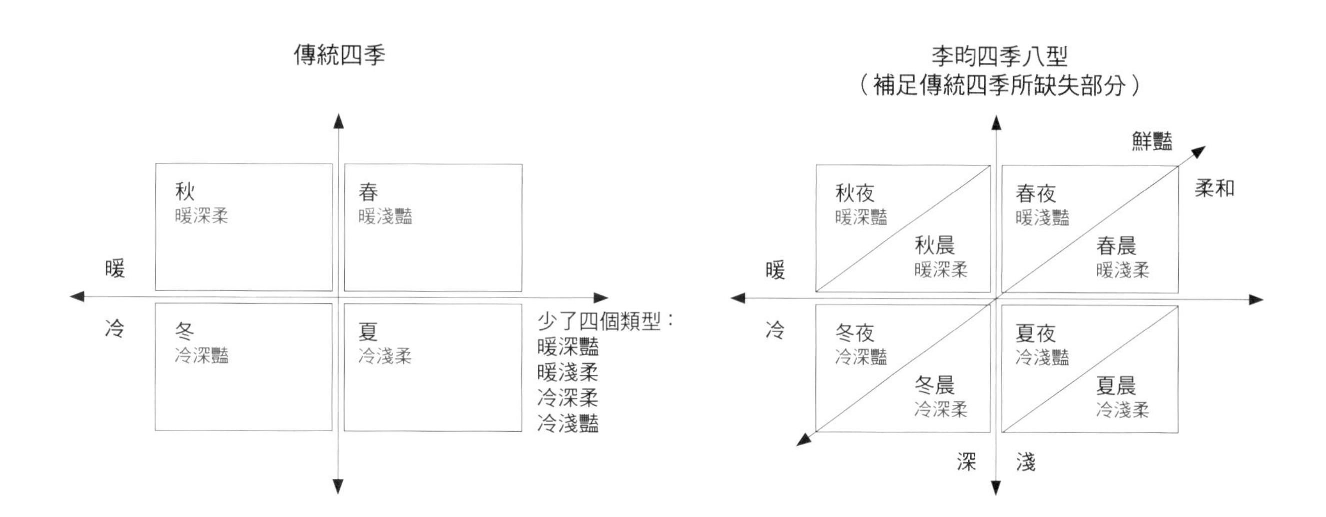

由於這本暢銷書，一般人都將卡洛．傑克森視為四季色彩的創始人，她創辦的同名 CMB 色彩形象顧問公司，在全球各地開花結果，培植人才無數。直至前幾年追隨年逾八旬的資深專家卡拉．馬席絲（Carla Mathis）再進修，她指出早在 1940 年，她的老師蘇珊．凱吉爾（Suzanne Caygill）即創造了四季色彩理論，當時是以人的內在特質為主，外型為輔，這個鮮為人知的一手訊息更新了四季色彩的起源與理論基礎，也解開我心中的最大疑惑。

從 92 年赴新加坡 CMB 進修開始，對於人的色彩分類僅針對外表，缺乏心理層面考量，一直無法說服自己；執業前三年努力蒐集個案，經驗證後，於 95 年研發出「改良版—四季八型色彩理論」，以及在 2010 年再優化的「彩虹四型色彩理論」，都將外型與內在綜合考量，甚至當二者矛盾時，應以內在為優先。

019 百花齊放的色彩分析派別

歷經四十幾年的發展，色彩分析理論百花齊放，有極度客製化的一人一色卡，分類繁多的十二與十六型，最富彈性強調變色的彩虹四型，究竟哪一款最適合你？讓我們先來看看這個圖表。

色彩分析重要派別

- 色彩三維度分類
  - 分為四類
    - 傳統四季：Carole Jackson Color Me Beautiful
    - 心理四季：Suzanne Caygill、Karen Haller
    - 改良四季：大森瞳
    - 彩虹四型：李昀
  - 擴充版
    - 8 型：于西蔓
    - 10 型：Karen Brunger
    - 12 型：Mary Spillane CMB in Europe,Christina Ong
    - 16 型：Ferial Youakim
  - 涵蓋四大人種
    - 25 型：Donna Fuji
- 一人一色卡
  - 從喜好開始 Carla Mathis
  - 人體對色系統 Judith Rasband
- 持反對論調
  - 為成功而穿 John Molloy

以上各家色彩理論都有各自的立論基礎，優劣難斷，哪個能說服自己才最重要。其中唯一的男士，約翰．莫洛伊（John Molloy）先生，在他的「為成功而穿」（Dress for Success）形象理論中，堅稱這些談色彩分析的女士們多此一舉，他認為每個人都能駕馭所有色彩，色彩是為身分角色而服務，並無討論美醜的必要性，當然身為較敏感的女性形象顧問，無法認同他的論調。

一人一色卡的兩種模式都是資深專家獨創，卡拉．馬席絲（Carla Mathis）細緻入微，茱迪絲．瑞斯班（Judith Rasband）邏輯明確，分別是感性與理性的代表，這類色彩諮詢，需要更敏銳的觀察力與諮詢能力，在專業培訓與傳授經驗時較為耗時費力。

日裔美籍的色彩專家唐娜．藤井（Donna Fujii），在她的《*Color with Style*》一書中，為四大人種分別做分類，洋洋灑灑共分為二十五類，氣勢磅礡，當然以她個人的獨特背景，較他人更有底氣涉獵多元種族的色彩研究，但實際應用時，不知個別人種的形象顧問是否都能認同她的分類方式。
至於最老牌，應用最廣的色彩三要素系統分析，從四季理論以降，演變出多種變化版，有人認為分類越細越精準，但色系越多，診斷時間越長，色卡種類也越繁複；以當年做過長時間八型的經驗，昀老師看來，反而認為越簡潔越好。

接下來將要介紹的是2010年版的彩虹四型，特點在測色流程迅捷，分類簡單，但有專屬的個人變色計畫，主旨在強調透過變色，人人都能使用任何色彩，相信是許多人期待已久的色彩理論。

020 黃種人專屬人體色票

前面提到色彩診斷既不科學也不客觀，擔心會嚇跑大家，其實全世界形象顧問在四十幾年間，對於色彩理論的研發不遺餘力，測色方法與工具也不斷推陳出新，才會有今天的百家爭鳴。

關於人的外表，黃白黑三大人種差異極大，膚色方面分別有從淺至深的幾種色調，髮色與眼睛色彩方面，白種人變化很大，黃種與黑種人變化較小，由於審美觀不同以及有效樣本數量的懸殊，形象顧問對自身人種的色彩掌握度肯定最高；雖然多年來跟隨外籍資深專家不斷進修，國際專家們都希望自己的色彩系統能全球通用，但身為黃種人，深知只有黃種人才最了解黃種人，我們應該對屬於自己的色彩理論有充分自信才對。

多年來我的色彩理論完全針對黃種人，在外觀診斷時，膚色至關重要，近年來美妝產業十分發達，使得髮色與五官色彩都成為變數，透過染髮、化妝與美瞳鏡片，可做到千變萬化，唯一較難改變的是膚色，日常妝的粉底只能修飾膚質，用來改變膚色極不自然。

黃種人體色票一覽表（李昀 2013）

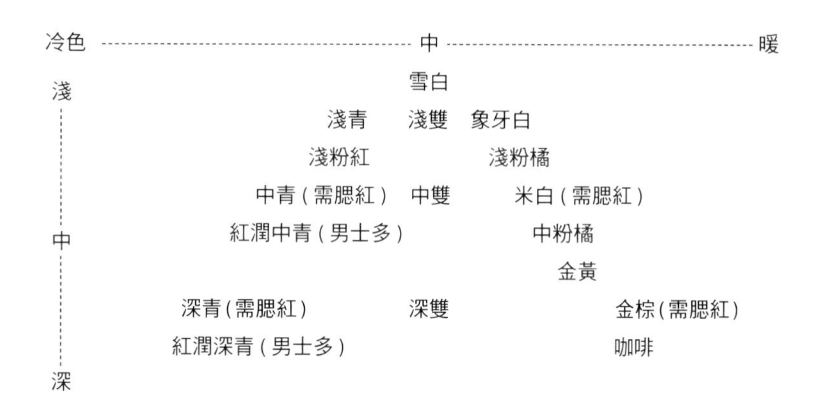

因此形象顧問必須對膚色有深入了解，人體皮膚基於黑色素、血紅素與胡蘿蔔素的多寡與分布差異，呈現偏黃、偏青與偏粉紅幾種狀態，一般人憑肉眼只能看出膚色深淺，而專業顧問的眼力必須能分辨其中更細微的色調區別。而膚色又與身體狀況密不可分，曝曬、生育、更年期等較大的生理變化或罹患疾病，都會改變膚色，因此色彩診斷結果並非終身不變。

根據三十年執業經驗，從台灣到大陸，由南往北涵蓋各種氣候帶，暖冷各色皮膚看透透，彙整出黃種人皮膚色票一覽表，在形象顧問專業培訓中，學員們一次次從觀察到進行測色，所有黃種人膚色都能納入這個人體色票系統。

021 色彩關鍵三要素

認真想學習色彩的朋友，在此準備了一堂小課，看完之後將有助於日後對色彩的了解。

可見光譜

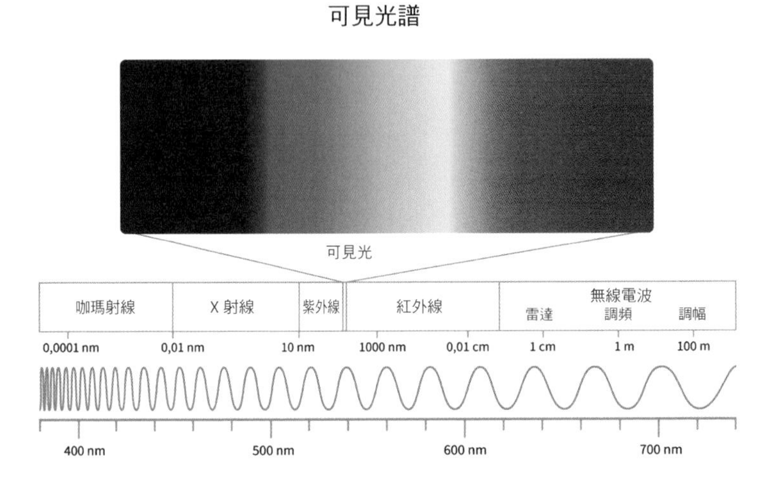

色彩三維度 Dimension（關鍵屬性）

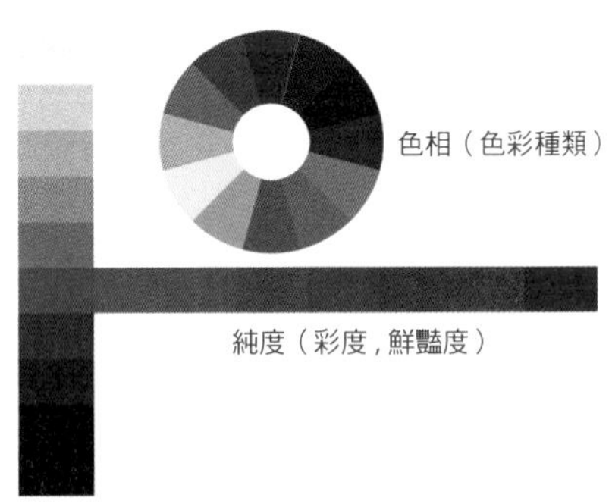

首先什麼是色彩，色彩來自於光，少了光，色彩就消失了，隨著光的波長變化，色彩跟著改變，從最長的紅色，逐漸遞減到最短的紫色，比紅色更長的紅外線，比紫色更短的紫外線都是肉眼無法看見的。

談到色彩，有三個維度或稱為三大關鍵屬性，包括色相，指的是色彩的種類或名稱；明度，是色彩的深淺；以及純度，或稱為彩度，是色彩的鮮豔度。每個顏色都能以這三個關鍵屬性來描述，舉例：

色相：黃色
明度：高（淺）
純度：高（鮮豔）

色相：咖啡色
明度：較低（偏深），
純度：較低（較不鮮艷）

最後再介紹一個從色彩三維度衍生出來的 PCCS 色彩系統，將色相環置入由明度與純度組成的矩陣中，產生十二色系，包括：鮮豔（vivid），明亮（bright），強烈（strong），深（deep），淺（light），輕柔（soft），濁（dull），暗（dark），淡（pale），淺灰（light gray），灰（gray），深灰（dark gray）；每個色系有自己的明度與純度屬性，清楚這些色系分類與名稱，日後在選購服裝配件或接受色彩搭配建議時，能更明確地溝通與表達。

PCCS 色彩系統

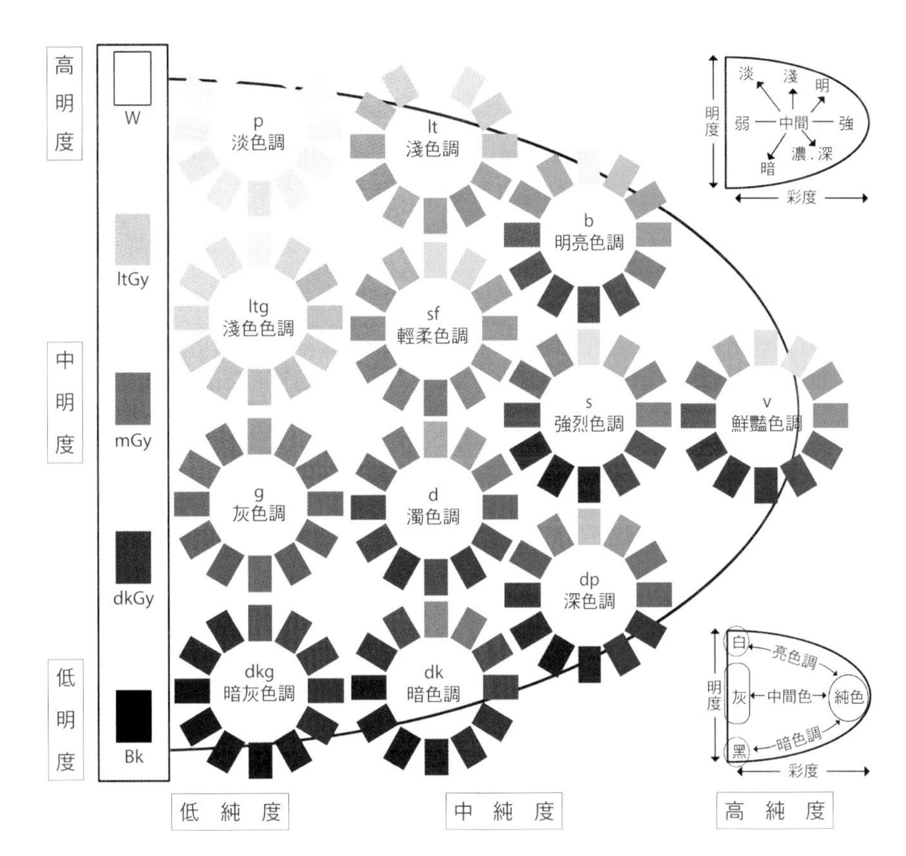

022 冷色 vs. 暖色——色彩分析基礎

為了進入個人色彩分析的世界，必須先了解色溫的區分，何謂冷色，何謂暖色，從三原色開始說明更加清楚；至於三原色有光學（加法）三原色（紅，藍，綠），色料（減法）三原色（洋紅，水藍，黃），此處介紹的是美術三原色（紅，黃，藍），雖不是最科學，但對一般人而言卻最簡單易懂。

三種三原色

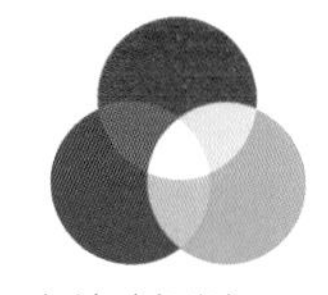

加法（色光）RGB

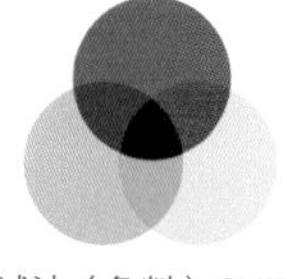

減法（色料）CMYK

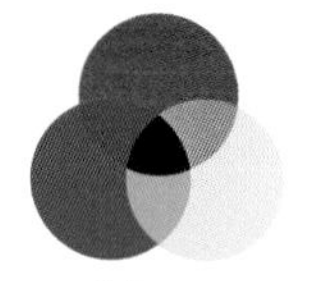

美術 RYB

三原色

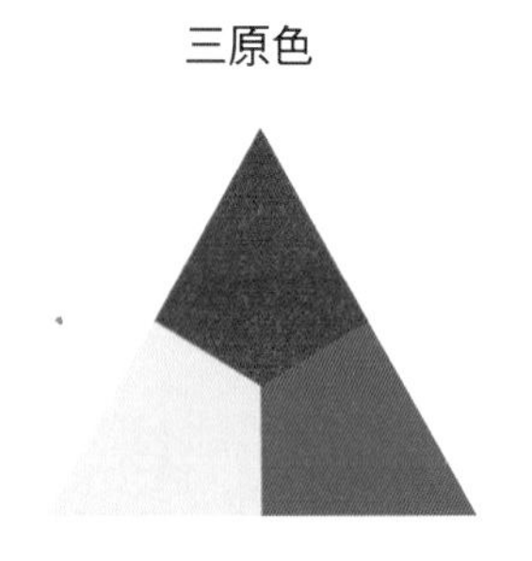

美術三原色

所謂的美術三原色，是指黃色，紅色與藍色，有了這三色，理論上所有顏色都可以調配出來。

在一般人的感覺中，色彩似乎帶有不同溫度，溫度的感覺主要來自聯想。黃色通常聯想到太陽、火焰或燈泡，都會發光發熱；相反的，藍色的聯想多半是清涼的海洋、天空甚至是冰塊，因此黃色稱為暖色，藍色稱為冷色，而紅色稱為中間色。

二次色

當三原色兩兩等量相加，產生新的三色，紅加黃為橘色，紅加藍為紫色，黃加藍為綠色，這三個新色彩：橘、紫與綠稱為二次色，因它們分別都包含兩個原色。

在分類上，橘色與黃色是同一屬性，都稱為暖色，紫色與藍色是同一屬性，都稱為冷色，而綠色與紅色居於中間，都稱為中間色。

二次色

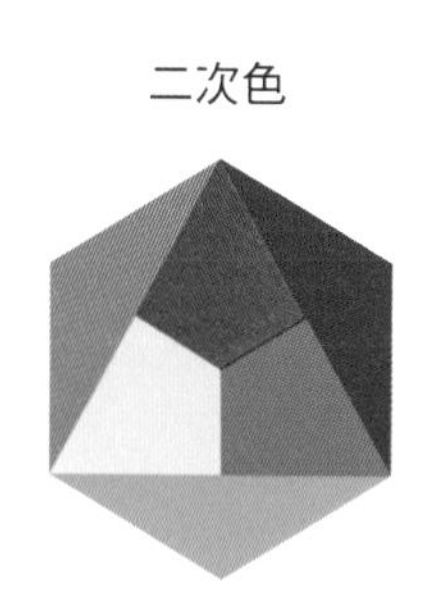

暖色系與冷色系

將三原色以各種不同比例調配，產生了無數新色彩，按照冷暖分類，左邊是帶有黃色基調的暖色系，右邊是帶有藍色基調的冷色系。

其中紅色與綠色比較特別，正紅正綠稱為中間色，偏黃的紅，如橘紅、磚紅以及所有帶棕色的紅，都屬於暖色；偏藍的紅，如粉紅、紫紅與酒紅屬於冷色。綠色要看其中黃與藍的多寡決定，黃色較多的蘋果綠、橄欖綠與草綠屬於暖色，藍色較多的松綠、墨綠與薄荷綠屬於冷色。

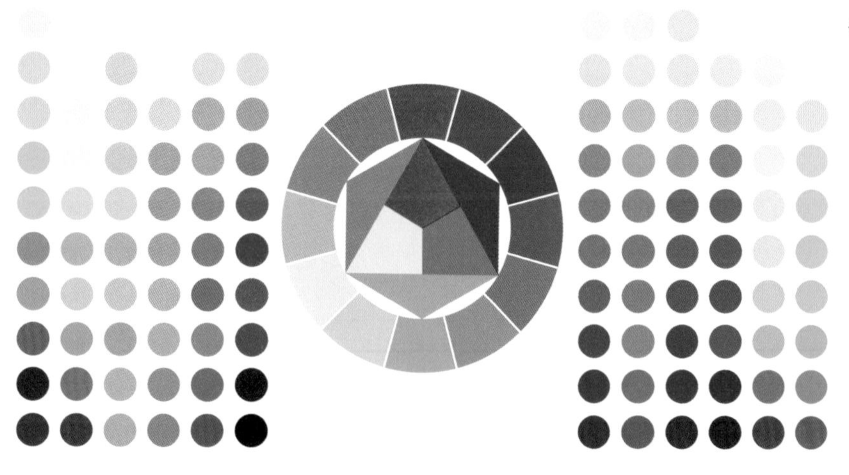

◀ 暖色系 VS. 冷色系

023 個人色彩分析 DIY

個人色彩冷暖屬性能否自我檢測，答案是：可以；對於無法立刻取得專業形象諮詢的朋友，試著完成以下自測表格，應該可以得到初步結果。

外貌檢視

(　　) 1. 我的皮膚有點（1）偏黃（2）不太黃（微青，粉紅，非常白皙）

(　　) 2. 我的皮膚曬黑後變成（1）古銅色（健康膚色）（2）灰色（看起來有點髒髒的）

(　　) 3. 我的頭髮是（1）偏向咖啡色（2）接近純黑（陽光照射下仍是黑色）

(　　) 4. 我的眉毛是（1）偏向咖啡色（2）接近純黑

(　　) 5. 我的眼珠是（1）較淺或看得出咖啡色（2）非常深接近黑色

用色經驗

(　　) 1. 我塗上（1）橘紅色系（2）粉紅色系口紅比較好看

(　　) 2. 我穿上（1）乳白色（2）純白的上衣比較好看

(　　) 3. 我戴上（1）金色（2）銀色的項鍊耳環比較出色

(　　) 4. 我穿上（1）橘色（2）紫色的套頭毛衣比較好看

(　　) 5. 我穿上（1）咖啡色（2）寶藍色的襯衫氣色比較好

以上答案中如以（1）居多，屬於暖色系，如以（2）居多則是屬於冷色系。

但如果做出來的答案幾乎是各半，則需要以實物檢測法，建議找幾位好朋友一起鑑定，方法有二：一、是口紅測試，擦橘色口紅與膚色更和諧的人屬於暖色系，擦粉色口紅與膚色更和諧的人是冷色系；二、白 T 恤檢測，找一件純白和一件乳白 T 恤，分別穿上，穿純白顯得氣色更好的人是冷色，穿乳白顯得氣色更好的人是暖色。

024 彩虹四型色彩分析

不能滿足於簡易 DIY，想要追求更高裝扮境界的人，不妨耐心學會完整版的彩虹四型色彩分析。

分析有以下兩個步驟：

1. 每個人都有不同的先天外在條件，色彩上可分為冷暖兩大類，特徵如下：

	暖色的人	冷色的人
膚色	偏黃（可深可淺）	純白，粉紅，偏青
髮色	帶咖啡色	接近純黑
五官	眉色與眼珠都帶咖啡色	眉較黑，眼珠較深

如膚色與髮色呈現矛盾現象，以膚色為準。

2. 接下來根據個人不同的內在、外在特質，又可分為強對比與弱對比兩大類：

	強對比的人（簡稱鮮豔）	弱對比的人（簡稱柔和）
外在	五官較大或鮮明	五官較小或柔和
	髮膚深淺對比較高	髮膚深淺對比較低
內在	個性較強	個性溫和
	活潑外向	保守內向

如內在與外在特質相反，內在影響較大

經過兩步驟測試，將人分成以下四種類型：

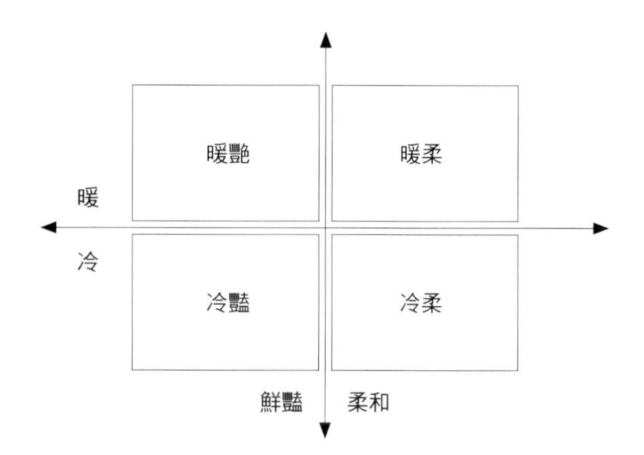

專業顧問在進行色彩診斷時，多半使用色布放置在顧客頸下胸前的位置，不同色彩反射到臉部會呈現不同的效果，做冷暖比對時，穿對顏色膚質顯然較佳，臉色明亮健康，反之則會暴露皮膚各種缺點（斑與皺紋），臉色相對暗沉；做艷柔比對時，色彩太艷會搶走人的光彩，色彩太柔讓人顯得沒有精神，因此模擬上衣色彩的色布測試至今仍被九成以上的形象顧問使用著。

四型色彩特徵

	氣質特徵	比擬花朵（女性）
暖柔型	清新可人	百合花
暖豔型	嫵媚動人	向日葵
冷柔型	優雅迷人	鬱金香
冷豔型	明豔照人	牡丹花

四型人適合的色彩

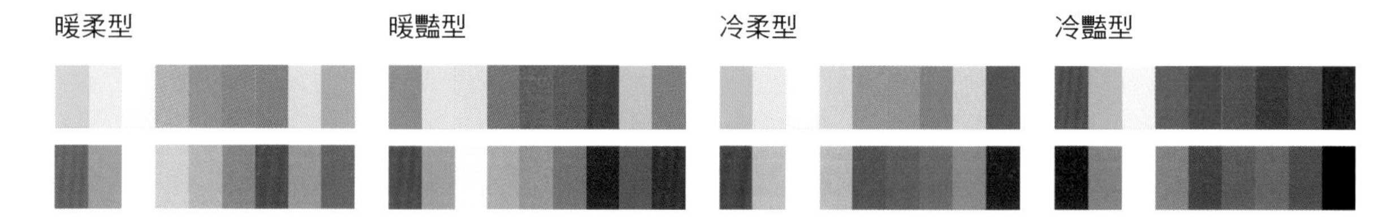

最後一個小提醒，任何色票或色卡都是僅供參考，為該色系的色彩舉例，千萬不要拿著色票直接與衣服比對，否則很難買到合適的服裝。

025 二合一彩虹絲巾

個人色彩診斷工具經過多年演化，從多達一百多塊按色系分類的單色色布，發展為多色拼接的色系集合布塊，還有小塊色布與紙質色板等，三十年來昀老師幾乎每款都用過，最後情歸這款 2010 年自己研發出來的二合一彩虹絲巾。所謂二合一，是由於它既可以測色，又能當作全色系色票使用，極為方便。

彩虹絲巾由四個三角形組合而成，四邊分別是暖豔、暖柔、冷豔與冷柔四個色系，測色時先用暖豔與冷豔來回比對，找出受試者適合冷色系還是暖色系，待確定色系後，再用同色系的豔與柔兩面再做第二步測試，就能找出最佳色彩類別。
至於作為色卡使用時，每個色系都有三層色彩，最外層是鮮豔色，中間是深濁色，與最內的淺柔色，都是該色系人適合的色彩，而為何需要一次擁有全色系色票呢？因為昀老師主張人人都能穿所有色系，在需要變色時，隨時有色票可以依循，不至於手忙腳亂。

以下是彩虹絲巾的四面結構簡圖，以及測試示範，照著這兩個步驟就能 DIY 了。大家一定要先找出自己最適合的色系，再照著測試絲巾上的色彩去選購服裝，保證穿出好氣色。

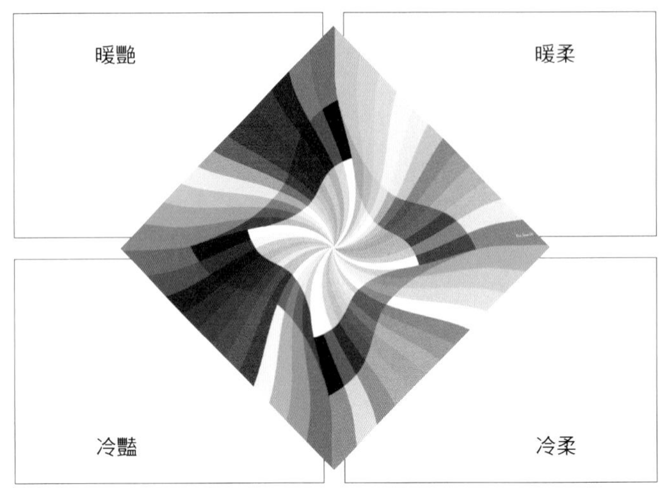

彩虹測色絲巾的四面結構，分別屬於四種色系

第一步測試：左邊的暖豔比右邊的冷豔顯得氣色更好，因此判斷昀老師是暖色系。

第二步測試：再將右邊的暖柔再與左邊暖豔比較，發現還是暖豔更能使人五官立體且鮮明，而暖柔略顯得沒有精神，因此判斷昀老師是暖豔型。

026 最潮的色彩分析理論——變色系統

最後終於要提到色彩分析的最新趨勢，也就是個人變色計畫。從最初人們對於色彩分析結果的嚴格遵守，到後來越來越不喜歡受到診斷結果的限制，二十年前，為這些喜愛變化的人群推出了一套變色計畫。

除了追求趣味與跟隨流行之外，變色也能為傳遞準確形象訊息盡一分力，例如柔和型的人需要展現權威與專業時，必須往鮮豔型靠攏，相反的，鮮豔型的人需要展現親和力或表現低調時，應盡量偏向柔和，才有說服力。

究竟該如何變色，改變外型時，除非化濃妝（登臺或攝影時有強光照射），一般不建議靠粉底改變膚色，會顯得不夠自然，染髮與五官色彩調整就能達到很大的效果，其中尤以髮色影響最大。至於需要改變行為舉止時，較為困難，盡力做到即可。

開始你的變色計畫

1. 暖色變冷色
   粉底可選擇較冷的顏色（僅限濃妝）
   - 髮色染酒紅或紫紅
   - 眉毛畫炭灰色眉粉
   - （戴黑色美瞳隱形眼鏡）
2. 冷色變暖色
   粉底可選擇較暖的顏色（僅限濃妝）
   - 髮色染咖啡色系
   - 眉毛畫咖啡色眉粉
   - （戴褐色美瞳隱形眼）
3. 柔和變鮮豔：髮色加深或染特別色
   - 化妝加濃
   - （戴深色加大型美瞳隱形眼鏡）
   - 表情成熟自信些
   - 言談舉止活潑大方些
4. 鮮豔變柔和：髮色略染淺（仍屬自然髮色範圍）
   - 眉毛修細畫淺
   - （戴淺色美瞳隱形眼鏡）
   - 化妝極淡
   - 表情溫和些
   - 言談舉止內斂低調些

冷色 vs. 暖色

鮮豔 vs. 柔和

以上變色方法主要針對女性，男性若要變色請參照染髮與言行舉止部分。事實上男性在職場用色多為中性色，因此受冷暖色系的影響較小。

為了證明變色的可行性，昀老師親自示範，以下四張照片分別展示在冷色與暖色、鮮豔與柔和之間變化的結果。

027 留意色彩意涵——單色穿法

用色最單純的方式就是全身上下同色，看似有些偷懶，但鍾情於這種裝扮的人正是喜歡它的純粹專一。全身上下同色需要注意三件事：

第一，避免太過鮮豔，全黑全白最為常見，前者酷帥時尚，後者仙氣十足，全灰全米全卡其也能見到，個性感雖較弱，但也不失清雅。全身鮮豔色要小心，彩度高的全紅全綠全黃走到哪裡都是焦點，但有時會造成視覺疲勞，讓人失去耐心。

第二，必須選擇適合自己的色彩，前面提到的個人色彩分析非常重要，假使全身只有一個不適合的色彩，豈不是從頭錯到腳。

第三，單色穿法放大了色彩的聲量，請先參考以下色彩溝通表格，以免不小心說錯話還說得那麼大聲。

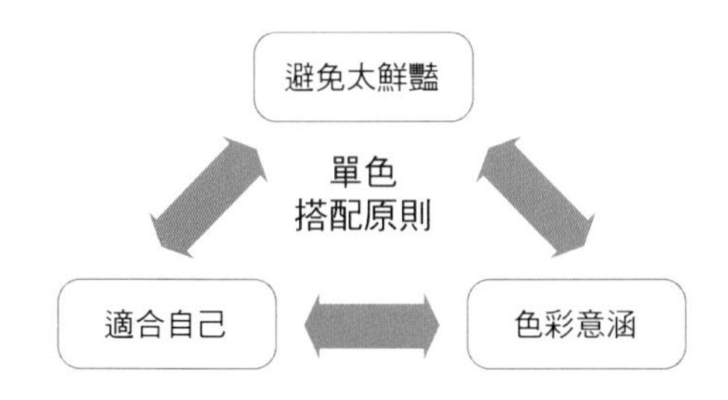

聽色彩在說些什麼？

紅　色：「注意看我，我充滿活力又情緒化」
粉紅色：「我喜歡愛人、被愛，同時也關心別人」
酒紅色：「我想玩耍，讓我們找樂子去」
橘　色：「我擅組織，也非常目標導向」
粉橘色：「我親切又富同情心，請讓我加入」
黃　色：「我們來溝通，我最喜歡分享」
薄荷綠：「我實際又冷靜，喜歡和諧的生活節奏」
蘋果綠：「我喜歡挑戰，與眾不同是我的座右銘」
綠　色：「把你的不快和需求說出來，讓我幫助你」
藍綠色：「我最樂觀，對人充滿信心」
淺藍色：「看看我是多麼有創意、又有分析能力」
深藍色：「我最喜歡當家作主發號施令」
豆沙紅：「我的直覺性很強，但需要被鼓勵與肯定」
紫　色：「我喜歡表達自己的感覺，更希望你們覺得我很棒」
咖啡色：「我雙手萬能，勤奮又熱愛工作」
黑　色：「別告訴我該怎麼做，我才是最內行」
白　色：「喜歡做我自己，即使在人群中也需要屬於自己的空間」
灰　色：「我聽見你的話了，但我不想介入」
銀　色：「我是個需要對自己感到滿意的浪漫主義者」
金　色：「我想要得到一切，站在世界的頂端，傲視群倫」

028 萬年不敗的雙色搭配

基礎中性色

深色（黑，鐵灰，深咖啡，深藍）

淺色（白，乳白，駝色）

中等深淺：各種中灰

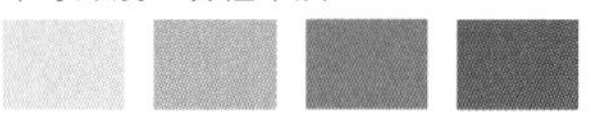

變化中性色

加大量黑的色彩（深色）

加大量白的色彩（冰色）

加大量灰的色彩（莫蘭迪色）

一般穿衣搭配，以雙色居多，兩個顏色只要搭配和諧，不容易出錯，但其中仍有三大原則需要講究。

至少有一個中性色

打開衣櫥看看，整體色彩暗淡還是有如彩虹般亮麗，我心目中的理想衣櫥高彩度（鮮豔）與低彩度（柔和或暗濁）比例，大約是各半或甚至六比四，原因很簡單，紅花還得有綠葉來襯，低彩度色正是綠葉，也稱為中性色。主要的中性色包括黑、白、灰、米、卡其、海軍藍、深咖啡等，次要中性色包括添加大量黑白灰的所有顏色，如深酒紅、深墨綠、深紫、各種莫蘭迪灰色調與極淺的冰色調。

中性色可以自由地與所有鮮豔色搭配，特別喜歡中性色的人，甚至全身都是中性色，此時也無須受限於雙色，再多色也不至於混亂，中性色互搭顯得高級又雅緻。

中性色裡的黑與白搭配性最強，黑色向來是配色之王，尤其東方人髮色偏黑，穿黑戴黑再適合不過。白色堪稱配色之后，大多色彩都能自由搭配，除了乳白，白配乳白會讓後者發黃顯舊。

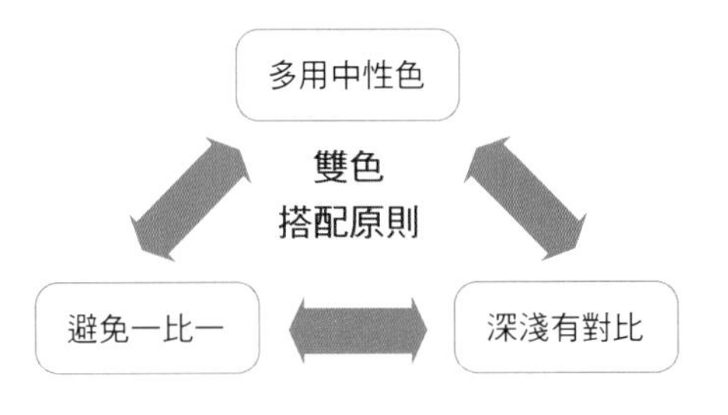

鮮豔色搭配中性色最安全

全身都是中性色超過兩色也沒關係

至於黑白配一直是時尚界永不退燒的潮流，特別適合鮮豔型的人，柔和型人建議用米白配黑，或白配深灰，略為降低對比度與自身更為和諧。

避免一比一

身上兩色所占面積或上下半身服裝長度盡量不要相等，因一比一給人呆版的印象，可以是 2：3 或 3：5，甚至更誇張的比例；需要調整比例時建議將部分上衣納入腰內或在上衣外加一條皮帶或腰鍊，要不乾脆換一件不同長度的上裝或下裝也行。

深淺有別

初學者請謹記，深淺對比大看起來更清爽，對比小有時會顯得混濁，當然搭配高手可以忽略本建議。

029 雅俗共賞的花布搭配

數千年來花布以它的奼紫嫣紅妝點了這個世界，千萬不要拒絕這個讓人心花怒放的好東西，有人擔心穿花布顯得俗氣，其實只要懂得配色，便能穿出意想不到的萬種風情。

花布搭配方式有三種：

全身一種花

最常見的是花洋裝，選擇適合自己的色系與圖紋，花朵與圓點較為女性化，條紋與格子偏向中性化，豹紋野性，抽象大氣，渲染飄逸，小圖案較低調，大圖案更張揚，選對花洋裝，雅致又大方。

花配素

花紋單品配上一個素色單品，這是花布最常見的搭配方式，重點在選出正確的素色，只要是花布中明顯可見的色彩都可以，但面積太小的色彩，小到距離稍遠就看不清楚，最好放棄；相反的，面積太大的色彩也很難搭得出色，因此建議選擇介於 20% ～ 70% 面積的色彩，作為搭配的素色單品，效果最佳。假使沒有這樣的單品，可以選擇與花布整體協調的色彩，或最不容易出錯的黑色或白色。

开衫與洋裝花紋
色彩部分相同且比重不同

花配花

這是進階版更高難度的搭配，一流設計師最喜歡用來炫耀自身搭配能力的祕方，一般人如果懂得原理，在經過練習後，也並不難掌握。重點在兩個花紋不同的單品色彩必須相同，否則必會造成混亂；其次是兩種花紋應有強弱之別，比如說大小、粗細或密度有差異，有主有次看起來更和諧。最後花紋最好是有直線有曲線，例如條紋配圓點，格子配花朵等，整體畫面才顯得更靈動。順便提到還有另一種相反的搭配方式，相同花紋但色彩僅部分相同，如紅白條紋配黑白條紋，黃藍圓點配黃綠圓點，色彩不同但花紋形式必須完全相同才好看。

花布搭配技巧

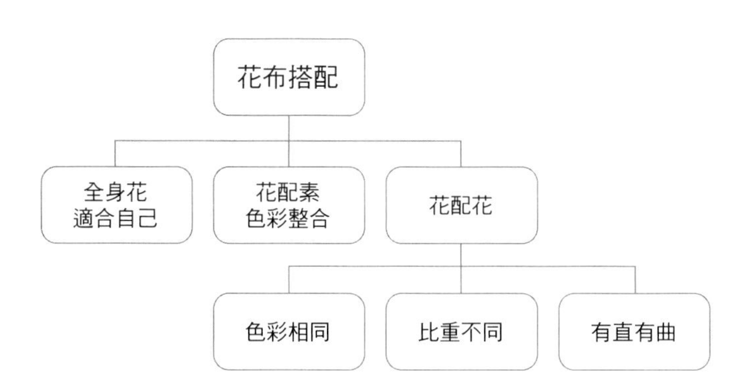

有條紋與豹紋，
部分同色部分撞色，亂中有序

030 重複之美——色彩整合技巧

玩色彩至今超過半世紀，發現最重要的配色技巧就在重複，重複，重複，重要的事情說三遍，是的，不管稱它呼應也好，整合也罷，身上色彩就是要重複出現，當色彩重複在全身上下不同部位出現，他人視線便能隨之流暢移動，形成一種愉悅感，這種愉悅感便是美感。

色彩整合技巧有三類：

一、服裝本身裝飾

服裝裝飾種類很多，如鑲邊、繡花、印圖、蕾絲、扣子與口袋等，裝飾通常五彩繽紛，上半身服裝裝飾的色彩與裙或褲色彩相同，重複便發生了，反之亦然，總之上下半身服裝有部分相同色彩就對了。

長褲口袋有牛仔布拼接與牛仔上衣色彩整合

二、多層次穿搭

多層次是這些年主要的時尚趨勢，原則是內長外短，無論是下襬、袖子或領口，都能形成多層次效果，最常見的是長內搭加短外套或背心，兩件 T 恤或 polo 衫疊穿，露出袖子與領子，多件單品中有重複色彩，就能達到整合效果。

高領衫在袖口與下襬露出，與領子形成色彩整合

三、飾品配件

方法有二，一是配飾重複服裝色彩，上下交錯如鞋或襪與上衣同色，項鍊耳環與裙或褲同色，或裡外整合如胸花與內搭同色，或多種重複如絲巾花紋與上下服裝都有部分同色等，喜歡這種裝扮方式的朋友，建議服裝盡量簡潔，最好是全素無裝飾，便能盡情用飾品配件做出各種搭配，達到一衣多穿的終極目標。

絲巾及鞋子與套裝及內搭形成色彩整合

二是利用幾個同色配件做色彩整合，如果有特別心儀的色彩，不妨購齊同色的鞋、包、皮帶、錶帶、胸花、項鍊與耳環等，可以任意用在素色服裝上，但基本以三樣為限。懶人最好買東方人百搭色，黑鞋黑包與帶有黑色花紋的絲巾等，一秒隨穿隨走，超方便。

懂得重複出現技巧後，配色功力瞬間大增，就算最難駕馭的對比色，透過色彩整合，也能變身高手之作，例如綠上衣配紅長褲，只要添加一頂紅帽子，或一條紅綠相間的絲巾，讓紅與綠重複出現，立刻成為設計師等級搭配。

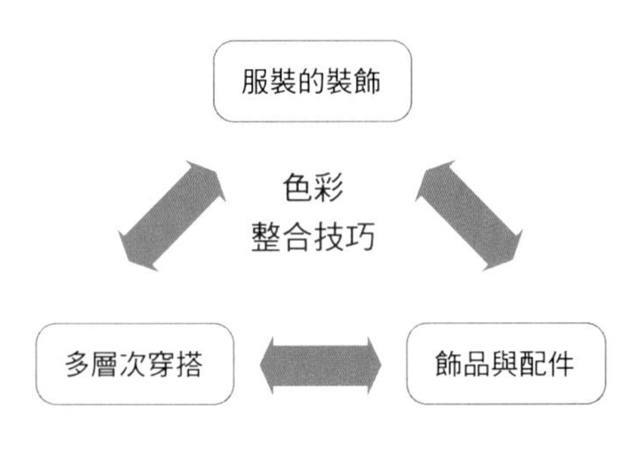

031 服裝搭配膠囊

學會配色技巧後，衣櫥裡的服裝與配件至少有了色彩原則可以遵循，在此提出一個重要概念，稱為膠囊（Capsule）理論，其實就是色彩組合，形象顧問在替顧客做採購規劃時，通常一定會以膠囊形式呈現，以下介紹幾個最適合東方人的配色膠囊。

首先是黑色膠囊，東方人多半有著一頭接近黑色的秀髮，因此穿黑用黑天經地義，以黑色下半身服裝作為基礎，黑色裙或褲有著顯瘦且耐髒的先天優勢，還可以搭配其他各種顏色，因此建議選購若干適合自己風格與剪裁的黑裙與黑褲，為了形成色彩整合，還需要有黑色配飾，包括黑鞋黑包，以及黑色皮帶、錶帶、項鍊、耳環與其中帶有黑色的絲巾，如此便能形成黑色膠囊，許多人包括昀老師在內，黑色膠囊都是衣櫥中最主要的大型膠囊，如此出席各種場合保證配色零失敗。

昀老師唯一的花裙膠囊，百搭百變

其次是與黑色膠囊十分類似的中性色膠囊，如深藍、深灰、大地色系等，仍然是選購幾件裙或褲以及同樣色彩的配飾，我個人特別鍾愛牛仔褲，因此有牛仔藍膠囊，在休閒時極為好用。

再來就是喜好膠囊，可以任意選擇自己所喜歡的顏色或圖紋，如紅黃綠紫或豹紋、斑馬紋等，仍是將裙或褲以及配飾備齊，此時就需要中性色內搭與上衣，如此也能任意上下搭配整合。

最後也是最有趣的花布膠囊，適合喜歡玩花布的人，選購至少有三個明顯主色的花裙或花褲，然後為它搭配相應的各色上衣，也可選購與它同色的配飾，或直接使用百搭黑或中性色配飾，花布既可增加裝扮變化，同時也讓生活更添繽紛，姊妹們不妨一試。

032 關於色彩的幾個迷思

想讓皮膚顯得更白，應該穿深色還是淺色？

兩種說法各有理由，支持深色一派，指出衣服越深，在強烈對比下，皮膚顯得越白；昀老師屬於淺色派，見過攝影師打光嗎？打光版不是白色就是銀色，淺色上衣作用相當於打光板，映照在臉上，不增白都難，經閱人無數，且測色無數，在在證明穿淺色能讓人膚色更白。

年紀越大，服裝色彩該越來越艷還是越來越暗？

這兩派多年來一直僵持不下，鮮豔派說年齡使人退色，需要靠鮮豔色彩來提氣，才顯得年輕；深暗派說年齡越大必須穩重，穿豔色太扎眼，成何體統；昀老師兩派都不同意，我主張年紀越大用色越柔和，隨著年紀增長，髮色變淺，膚色不若以往鮮亮，五官也柔和了，言行舉止速度變慢，柔色最能與這樣的狀態和諧共鳴，看起來舒服自在。但假使你跟我一樣，年過六十仍精神奕奕活蹦亂跳，表示你還年輕，愛怎麼穿就怎麼穿。

黑色與白色哪個能讓你顯瘦？

黑色派向來是主流，長久以來大家都相信黑色能讓人顯瘦，但最近忽然聽聞白色讓人顯瘦一說，大吃一驚；白色派說色彩有視覺上的或輕或重，白色最輕，黑色最重，居然有人相信了。假使比的是行李箱，也許不假，提白箱子或許錯覺上較輕，但別忘了，色彩也有前進與後退的效果，白色是前進色，黑色是後退色，單純用看，白色顯得膨脹，黑色顯得緊縮，因此當然是穿黑色使你看起來更瘦，白色只是抱起來瘦而已。

第三章

心理風格

033 從直曲大小談身體風格

1992 年在新加坡參加形象顧問培訓，學到所謂 Style（風格診斷），是以女性身材曲線與體型及五官大小來分類，首先觀察曲線（腰臀比），將女性從直型（直腰窄臀）到曲型（細腰豐臀），依次分為五大類，包括全直、直帶曲、中直曲、曲帶直與全曲，身材越趨近直型，適合穿著直線條也就是中性化服裝，越趨近曲型，適合穿著曲線條也就是女性化服裝。

理論基礎是發育時期女性荷爾蒙越多，身材越偏向曲線，因此喜好女性化裝扮，相反女性荷爾蒙較少，身材較偏向直線，更喜好中性化妝扮。當時班上僅有四名學員，在相互診斷時完全準確，例如昀老師是直帶曲，向來習慣中性化為主、女性化作為點綴的裝扮，同學瑪莉是曲帶直，個性較溫柔，更喜歡偏女性化的裝扮，總之這套以身體為本的風格分類，在當時看似頗合邏輯。

至於體型與五官大小影響對飾品與服裝細節大小的選擇，原則是小配小，大配大，身材嬌小的人，服裝花紋與飾品配件都得小，反之都得大；純粹以外表來看，和諧無誤，但當考慮到個性，便會產生矛盾，昀老師便是最早案例，身材嬌小的我，偏偏喜歡配戴大型飾品，背大包，頂著一頭誇張髮型，多年來也頗受好評，硬是要縮小，感覺就不像自己了。

果然在初期的個人形象諮詢服務中，問題不少：全曲身材的人喜歡中性化裝扮；全直的人鍾情於濃濃女人味；五官鮮明的人卻個性溫和保守，喜歡穿小碎花；嬌小女性但個性強勢，穿上大圖案氣場十足，這些活生生的案例，說明了身體風格理論無法滿足所有人的需求。當時正處在最艱困的第三年，幸運地加入 AICI，接觸到全球第一個心理風格理論——環球風格，徹底為我解惑。

五種女性身材分類

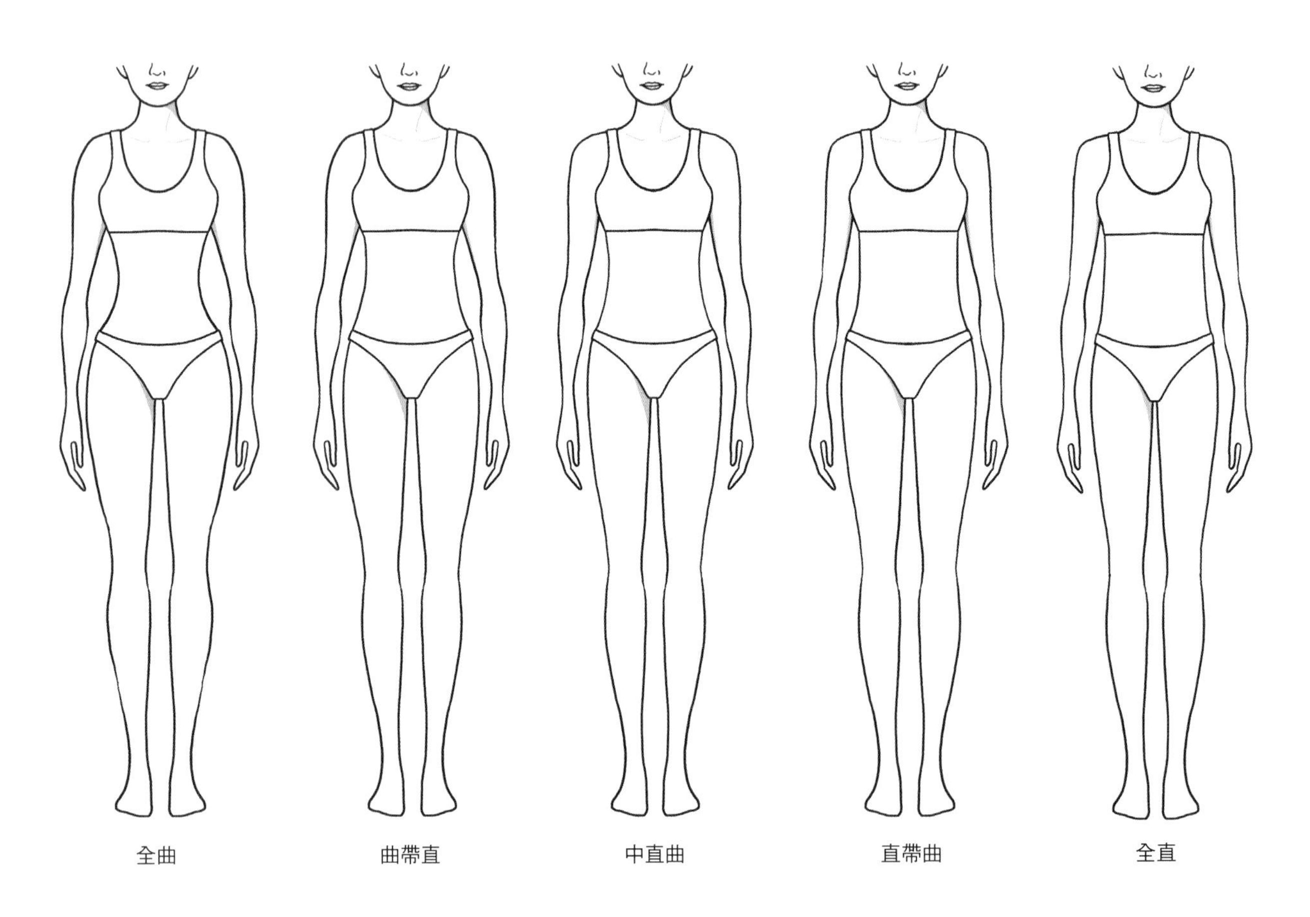

034 從人格特質談心理風格

正當身體風格漏洞百出之際，心理風格理論的適時出現，拯救了許多被身體特徵所困住的女性，真是可喜可賀。

「環球風格」（Universal Style）由美籍形象管理專家艾莉絲．帕森斯（Alyce Parsons）發表於 1991 年，我在 1995 年參加 AICI 華盛頓全球年會時，買到這本同名書籍，如獲至寶，三年來的疑問終於獲得解答；一直認為人對服裝的偏好與選擇主要來自個性，原來自己並不寂寞，且前輩已經創造出這樣的理論與方法。

環球風格 Universal Style（美 Alyce Parsons）

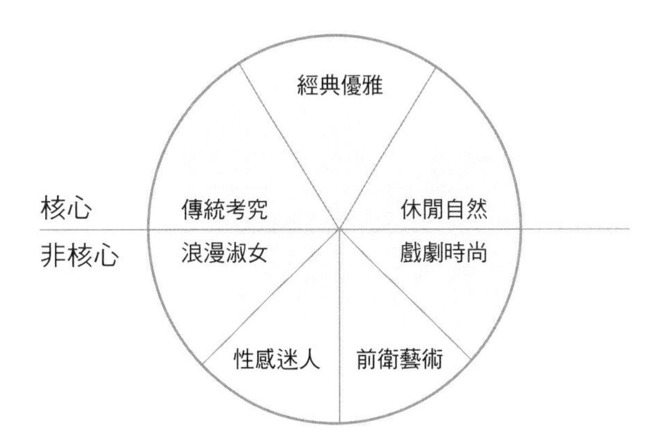

環球風格將人分為七種類型，前三種是核心風格，包括：傳統考究（Traditional／Taylored）、經典優雅（Classic／Elegant）以及休閒自然（Sports／Natural）， 後面四種是非核心風格，包括：浪漫淑女（Romantic）、 性感迷人（Sex／Alluring）、戲劇時尚（Dramatic）與前衛藝術（Creative），艾莉絲主張人人都應該有一個核心屬性，再加上一至二個非核心屬性。

定位方式是利用問卷，包括個性、職業與經常參加的場合等，顧客先填寫問卷，再將各項分數統計出來，得分最高的是核心屬性，次高與再次便是非核心屬性。以問卷方式測試，看似很科學，我也參照類似方法，進行心理風格測試多年，但後來發現文字有其限制，因文字在人的心中難免有一些價值判斷，有時會刻意規避或心嚮往之，因此準確度無法達到最佳，於是各種非文字測試也逐漸加入。

卡拉．馬席絲（Carla Mathis）老師的個人形象諮詢，一開始便要求顧客繳交三張最喜歡的圖片，形式不拘，根據這三張圖片進行探討，深入了解人的內在需求與喜好，對色彩與風格診斷都有極大幫助。我的風格診斷後來加入了色彩心理、圖形心理以及有趣的動物喜好測驗，對於個人裝扮風格定位也有明顯輔助效果。

035 女性八型心理風格

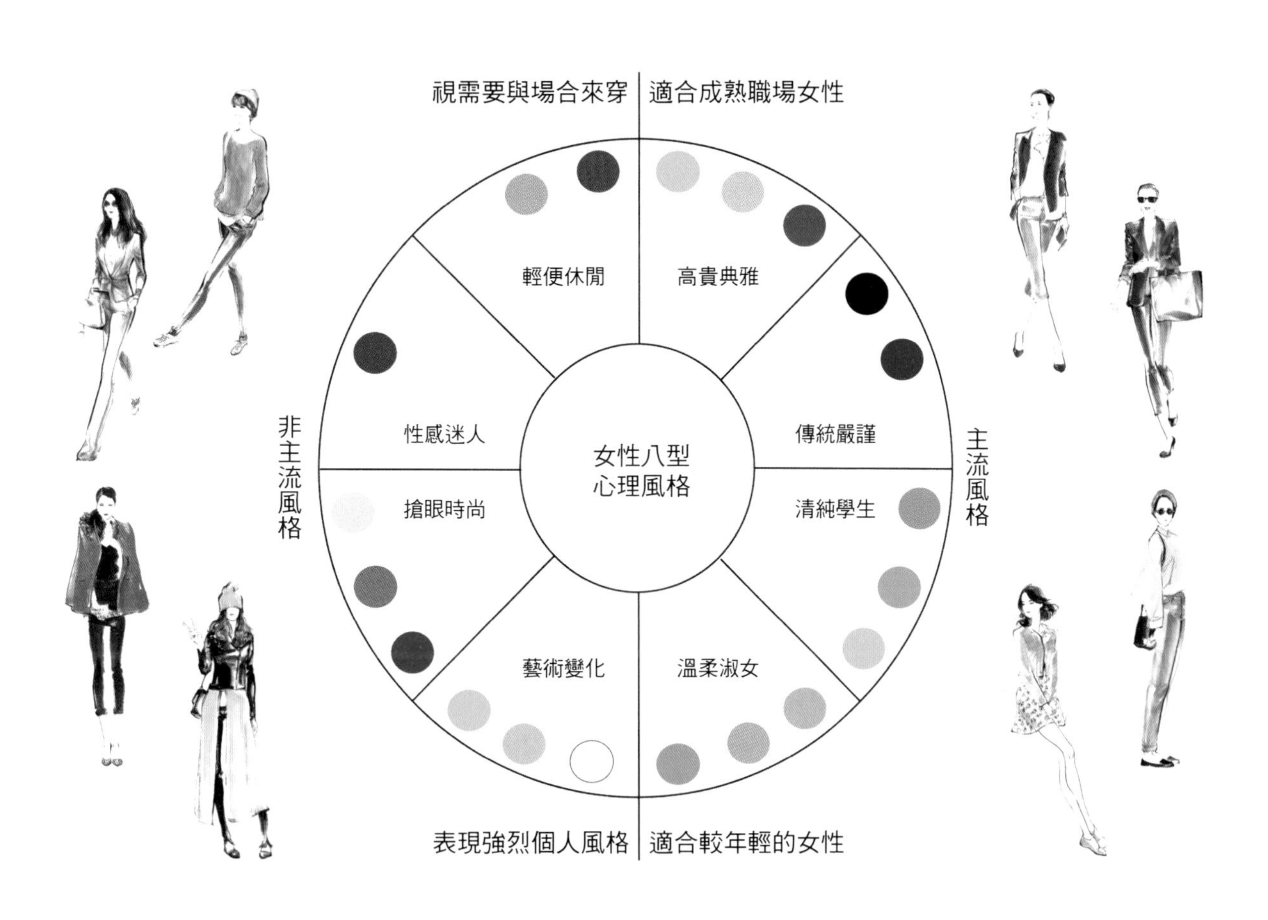

1996 年昀老師的「女性八型心理風格」研發完成，與「環球風格」有些差異，主要原因在對於環球風格的核心與非核心風格分類不完全認同，我認為八型風格更適合東方女性。首先介紹八型風格架構，八型可分為兩大類，右邊四型稱為主流風格，在人數上占絕對多數，左邊四型為非主流風格，喜歡或適合的人較少。

右下角二型

主流風格又分為兩個區塊，右下方的兩類適合年輕女性，大約從十八歲入大學到三十歲職場前期，經常穿著這兩類服裝，偏中性感的稱為清純學生型，偏女性化的稱為溫柔淑女型，前者簡單大方略帶時尚感，後者在剪裁與裝飾上都充滿女性特質。

右上角兩型

分別是高貴典雅型與傳統嚴謹型，適合三十歲以上尤其是職場女性，前者是大多數女性的終極追求，年齡越大地位越高需求越強，裝扮以高雅質感取勝；後者通常由於個性較內斂或職場需求，如從事政治、法律或金融行業，需要展現嚴謹可靠的人格特質，此時就需要保守形象來背書。

左上角兩型

都屬於機能性服裝，輕便休閒型適合休閒或運動，但有些人天生喜好便捷舒適，或職業需要方便活動或勞動，於是以此為主型。至於性感迷人型，當參加宴會與熱帶旅行時有其必要性，但主型人由於東方女性較為保守，占比較低，有些身材好、個性外向又自信的女性會有此偏好，或娛樂界、模特兒與舞蹈老師在工作場合也需要這類服裝。

左下角兩型

都是能展現強烈個人風格的裝扮，搶眼時尚型的裝扮很容易成為焦點，且是刻意為之，這類人個性外向張揚，追求時髦也是她們的特點之一。

藝術變化型也經常成為焦點，但出發點比較個人，純粹因為自己喜歡或心情恰好流淌到這裡，於是就做了這樣別出心裁的穿搭，不同於前者在娛樂圈最多，後者以藝術家或是藝術特質較強的女性居多。

036 八型心理風格 DIY

前面提過問卷的限制性，但不可否認，問卷的確快捷好用，五分鐘內就能得出結果，因此至今問卷仍是自我檢測的最佳工具。

風格問卷涵蓋三個區塊，分別針對個性、職業與場合需求，其中個性最為關鍵，因此通常在個性部分可以提高計分權重。

一、下列何者最能形容你的個性，請整組圈選，建議圈選3組，請勿超過5組

A	B	C	D
講究 優雅 具美感 有眼光	保守 理性 可靠 嚴謹	樸素 單純 清新 親切	女性化 細膩 擅照顧人 溫柔

E	F	G	H
不拘小節 活力充沛 自然 敏捷	迷人 性感 刺激 大膽	時髦 自信 醒目 強烈	特立獨行 自由 有創意 富藝術性

二、你的職業與工作性質是什麼？

A	B	C	D
主管階級 企業家 發言人 演講人 企業家夫人	管理階層 金融會計 法律政治 保險房仲 顧問培訓師 公務部門 高級觀光業 政治人物夫人	社會新鮮人 學生 中學老師 祕書 接待人員	醫護 幼教 社會工作 心理諮商 營養保健

E	F	G	H
工程製造 攝影 學生 小學老師 體育界 園藝 休閒旅遊 技術人員	演藝界 舞蹈 模特 韻律健身	演藝界 造型設計 廣告公關 藝人夫人	藝術家 設計師 創意工作 形象美學 造型設計 髮型師 美容師 藝術家夫人

三、你經常參與哪一種活動？

A	B	C	D
正式餐會 開幕典禮 電視訪問 婚禮 文化活動	面試 政治活動 出席法庭 商業活動	同學會 午茶 調查 訪問	宗教活動 親子活動 家庭聚會 慈善活動

E	F	G	H
運動 園藝 戶外活動 旅遊 志願工作	韻律課 舞會 夜間社交 熱帶休閒活動	開幕 舞會 晚宴 服裝秀 時尚派對	藝術欣賞 服裝秀 展覽會 時尚派對

最後測出得分最高組別為主風格，依次可再得出 1 ～ 3 個附屬風格

037 高貴典雅型——講求完美質感

特色：優雅、正式、簡單大方、重質感

在昀老師看來，這是所有女性的終極追求典型，因隨著年齡與閱歷漸增，應該越活越精緻，即便平日不一定都做這樣的裝扮，但在重要場合，高貴典雅是最令人心儀也最安全的裝扮。一般職場女性晉升為主管後，穿戴妝髮如能朝著款式大方、質感考究的風格移動，展現成熟女性良好的自我管理能力，會更具有說服力；然而時尚感在這裡也從不缺席，誇張的 fad 大潮物件從不在採購清單裡，而是在細節上透露著流行趨勢，這才顯得高級。

線條	◆ 剪裁合身 ◆ 加長的沙漏型	◆ 肩線柔和自然 ◆ 有腰身而不誇張
色彩	◆ 中性色中的乳白、米色、灰色與灰褐 ◆ 深色的黑、鐵灰、藏青色	◆ 較不鮮豔的色彩如豆沙色、小麥色、秋香綠與各種莫蘭迪色調
質料	◆ 以質地佳的毛料與絲製品為主 ◆ 質感好的天然或混紡纖維	◆ 柔軟或略帶光澤
花紋	◆ 較常穿素色	

如何看起來更高貴典雅？

- 多使用同色系或相近色系搭配
- 常穿套裝或連衣裙與外套的組合
- 服裝質感重於流行
- 配件與飾品力求完美
- 髮型整潔光滑
- 化妝考究正式濃淡合宜

高貴典雅型－講求完美質感

特色：優雅、正式、簡單大方、重質感

- 中性色，深色，濁色
- 素色或不明顯花紋
- 和緩曲線或直線
- 柔和的沙漏形
- 質地佳，不發亮
- 裝飾少，重點裝飾
- 精緻度高
- 結構明確
- 合身度高
- 正常比例

038 傳統嚴謹型——不要叫我改變

特色：成熟、變化少、不強調時尚感

有些人因個性保守，不喜歡改變，另外一些人因職場角色需求，必須展現誠實可靠或權威形象，這些女性的裝扮經年累月從一而終，時尚與她們無關，但並不表示她們不重視穿著，在固定款式固定品牌中，絕大部分人對品質仍有一定要求。然而這個風格仍有多種樣貌，從西褲套裝、窄裙套裝到洋裝加外套，甚至有人都穿中式服裝，只要是款式非常一致，髮型保守且多年不變，素顏或僅有自然淡妝，必定是傳統嚴謹型無誤。

線條	◆ 剪裁鬆緊合宜 ◆ 大致呈長方形 ◆ 肩線明顯而不誇張	◆ 略有腰身而不強調 ◆ 多為直形剪裁
色彩	◆ 中性色中的深藍、灰色與米色系列 ◆ 深色中的墨綠、酒紅與黑	◆ 柔和的粉橘、天藍、薄荷綠
質料	◆ 最常穿著質地好的毛料與棉料	◆ 較挺與不發亮為主 ◆ 天然材質與混紡質料
花紋	◆ 小型花紋	◆ 細條紋、小格子、人字紋、千鳥格、草履蟲

如何看起來更傳統更嚴謹？

- 多穿套裝
- 服裝須妥為整燙
- 皮包、皮鞋、絲襪等色彩應協調，且保養得宜
- 配戴成套的小型飾品
- 髮型簡單俐落
- 宜淡妝，用色須自然

傳統嚴謹型－不要叫我改變

特色：成熟、主流、不強調時尚感、變化少

- 中性色，深色，濁色
- 素色或小型花紋
- 直線居多
- 柔和的長方形
- 質地硬挺且不發亮
- 裝飾較少
- 精緻度中至高
- 結構明確
- 合身度中至高
- 正常比例

039 清純學生型——簡單大方最重要

特色：年輕、素雅、簡單大方、稍有時尚感

這是現在年輕女性最常見的裝扮風格，剪裁簡單大方，線條偏直線型，沒有繁複裝飾，許多人所說的校園風或英倫風都屬於這個類型，類似校服的襯衫、褶裙、直筒褲、短外套、V領毛衣都是其中重要款式，條紋、菱格紋與格子這三種花紋最為常見，配合年輕人的時尚敏感度，每年流行趨勢中的元素都會出現，但也不至於跟隨誇張的大潮，有些人一輩子都喜歡這類型裝扮，包括簡潔的髮型與妝容，的確有減齡效果。

線條	◆ 剪裁鬆緊合宜 ◆ 柔和的長方形	◆ 肩線明顯而自然 ◆ 腰身自然不強調
色彩	◆ 中性色中稍淺而柔和的米色 ◆ 深淺不同的咖啡色系（米色－咖啡）	◆ 深淺不同的灰色系（淺灰－銀灰） ◆ 明亮的色彩如粉橘、乳黃、蘋果綠
質料	◆ 天然與人造混紡的材質 ◆ 質感較偏向硬挺	
花紋	◆ 素面為主 ◆ 中至小型花紋	

如何看起來更清純大方？

- 多穿式樣年輕的套裝
- 穿褲裝多於裙裝
- 線條簡單
- 小細節較少
- 飾品不多且體積小
- 髮型年輕自然
- 宜淡妝富青春氣息

清純學生型 - 簡單大方最重要

特色：年輕、素雅、簡單大方、稍有時尚感

- 淺柔中性色，大地色系
- 小花紋，條紋，格紋
- 直線多，也有柔和曲線
- 柔和的長方型
- 混紡偏硬挺
- 裝飾較少，校徽，英倫風
- 精緻度中
- 結構明確
- 合身度中至高
- 正常比例

040 溫柔淑女型——女人味十足

特色：柔軟、年輕、女性化、重細部裝飾

這是特色最鮮明也最容易識別的類型，幾乎所有小女孩都穿過類似服裝，粉彩色系的泡泡袖蓬裙洋裝，背後繫著蝴蝶結；長大後許多人揮別了公主裝，但仍有一部分女生一輩子都喜歡這類裝扮，只不過按比例來看，溫柔淑女型有逐漸減少的趨勢，主要是新世紀以來時尚趨勢偏向中性風，即便流行某些女性化元素，還是主張來點混搭，純女性風格似乎有點退流行，在職場上這類風格能表現強大親和力，但隨著職位提升，還是得朝成熟中性風靠攏才行，否則很難產生權威感。

線條	◆ 遮蔽大部分的身體 ◆ 較鬆的沙漏型或柔和 X 形 ◆ 肩線柔軟或有皺褶	◆ 腰身明顯或有皺褶 ◆ 裙襬較寬
色彩	◆ 中性色中的白色、淺灰、灰米	◆ 常用粉彩色系 ◆ 較少穿著深色
質料	◆ 以軟質有垂性為主 ◆ 質輕且薄（如雪紡）	◆ 不太發亮
花紋	◆ 小型重複花紋 ◆ 花朵與軟性花紋	◆ 較傳統的花紋

如何看起來更溫柔淑女？

- 服裝柔軟飄逸
- 女性化的裝飾細節如荷葉、蕾絲或繡花等
- 配件宜秀氣或有點可愛
- 可配戴古董飾品
- 髮型微捲、配戴髮箍或蝴蝶結飾，公主頭
- 化妝淡雅甜美

溫柔淑女型－女人味十足

特色：柔軟、年輕、女性化、重細部裝飾

- 淺柔中性色，粉彩色系
- 小碎花，圓點
- 多為曲線
- 沙漏形，X 形
- 薄軟垂墜感強
- 裝飾多，蕾絲荷葉蝴蝶結
- 精緻度中至高
- 結構上半身明確，下半蓬鬆
- 合身度中至高
- 正常比例

041 輕便休閒型——舒適方便最實在

特色：輕鬆、自在、舒適、重機能性

輕便休閒型裝扮特別強調機能性，每個人的衣櫥裡或多或少都有這類服裝，只不過喜愛戶外活動的人，數量相對較多，因工作需要而必須穿這類風格的人，包括工程師、技術人員、小學老師、攝影師、運動員、零售業與小吃業者等，她們天天都做如此輕鬆自在的裝扮，不免招來羨慕的眼光，因在所有風格類型中，就屬這類最舒服，但請謹記，舒服與邋遢經常只有一線之隔，輕便絕不是隨便，休閒也不等於休假，為了顧好形象，該有的整齊清潔與搭配原則甚至品味，一樣也馬虎不得。

線條	◆ 剪裁較寬鬆 ◆ 大致呈長方形	◆ 肩線自然而不誇張 ◆ 腰身不明顯
色彩	◆ 中性色如深藍、卡其色與白色 ◆ 大地色系如咖啡色、磚紅	、駱黃、橄欖綠 ◆ 鮮豔的顏色如紅、黃、綠
質料	◆ 天然材質如純棉、麻與毛料 ◆ 質地較挺較結實 ◆ 面料較有肌理感且不發亮	◆ 方便運動的彈性面料 ◆ 強調功能性如吸濕排汗保溫防風的面料
花紋	◆ 小至中型花紋	◆ 條紋、格子、圓點與有趣的圖案

如何看起來更輕便休閒？

- 寬鬆的多層次搭配
- 袖子捲起
- 多穿褲裝
- 配件少或個性化
- 化妝與髮型力求自然

輕便休閒型－舒適方便最實在

特色：輕鬆、自在、舒適、重機能性

- 各種灰色，大地色，鮮豔色
- 素色，格紋，條紋
- 直線多
- 柔和的長方形或橢圓形
- 天然材質，柔軟舒適
- 裝飾較少，拉鍊，條飾
- 精緻度低
- 結構不太明確
- 合身度中至低
- 正常比例

042 性感迷人型——再多露一點也不怕

特色：貼身、大膽、細部裝飾少

性感對保守的東方女性而言，似乎有點不可言說，因此在填寫問卷時，願意承認自己具備這類特質的人數極少，但難道周遭真的沒有這類人嗎？服裝總是極為合身，甚至貼身，曲線畢露，蕾絲洋裝襯膚色內裡，乍看讓人大吃一驚，胸口事業線若隱若現，迷你裙，超短褲，以上款式相信並不難發現，其實只要不穿到一般職場，場合身分年齡都合宜，自信展現女性的性感魅力，不也是挺迷人的嗎？

線條	◆ 剪裁極合身 ◆ 呈明顯沙漏形 ◆ 肩線自然	◆ 腰身明顯 ◆ 裙襬向內收攏
色彩	◆ 中性色中的黑與白 ◆ 極鮮豔的色彩如桃紅、寶藍、紅與綠	
質料	◆ 具彈性的伸縮布料 ◆ 光滑或發亮的	◆ 薄的或透明的 ◆ 針織質料
花紋	◆ 多為素面 ◆ 喜好動物圖紋	

如何看起來更性感迷人？

- 穿著凸顯身材的服裝
- 裙子短、褲子緊
- 上衣納入繫上腰帶
- 飾品宜少
- 髮型蓬凌亂
- 化妝較濃且發亮

性感迷人型－再多露一點也不怕

特色：貼身、性感，大膽、細部裝飾少

- 黑色，金銀，鮮豔色
- 素色，動物紋
- 曲線
- 鮮明沙漏形
- 彈性，發亮，薄或半透明
- 裝飾少，亮片，蟲獸
- 精緻度高
- 結構明確，或針織無結構
- 合身度極高
- 非常規比例

043 搶眼時尚型——誇張派加流行派

特色：成熟、時尚感、明星特質、結構性

搶眼時尚型最重要的特質是搶眼，這些個性開朗的女性自信十足，走到哪裡都喜歡成為焦點，至於時尚感也是自我要求的一部分，跟上時代潮流才夠優；但隨著居住地與圈子審美的不同，裝扮樣貌差異甚大，千萬不要以為她們都跟時尚雜誌上的模特兒一樣，巴黎與洛杉磯、上海與北京、或都會與鄉鎮的搶眼時尚型服裝款式肯定不同，永恆不變的特徵就在保證吸引眼球，出門假使沒有回頭率，簡直就是大失敗，還不如待在家算了。

線條	◆ 大致是合身的 ◆ 呈誇張的時尚線條 ◆ 時尚的肩線	◆ 腰身明顯 ◆ 下襬極收攏或極放寬
色彩	◆ 中性色中的黑與白 ◆ 豔如珠寶的色彩	◆ 強烈對比的搭配
質料	◆ 硬挺、彈性、半透明等張揚的面料	◆ 光滑的或粗糙的 ◆ 發亮的或霧面的
花紋	◆ 幾何圖形、抽象花紋 ◆ 具現代感與流行性的圖案	◆ 大型花紋或間隔較大

如何看起來更時髦搶眼？

- 以黑色服裝為主軸
- 大膽使用黑與白的搭配
- 服裝與配件須重時尚感
- 採用寬配窄、長配短等對比式搭配
- 配戴大型飾品
- 髮型必須是時下流行款
- 化妝採對比色系且較濃

搶眼時尚型－誇張之加時尚

特色：張揚、時尚感、明星特質、結構性

- 黑白配，鮮豔色，高對比
- 大圖案，幾何，潮圖紋
- 直線或曲線
- 硬挺，滑至粗，亮或霧
- 大又多，水鑽，亮片，鉚釘，骷髏
- 精緻度由低至高
- 結構度偏高
- 很合身或很寬鬆
- 非常規比例

044 藝術變化型——沒有不可能的搭配

特色：個性化、多元化、組合性、解構風

藝術變化型以藝術家居多，娛樂圈也會見到，美學創意工作者也不少，說起來這類風格很難歸納出造型原則，沒有什麼不可能，任何你想得到想不到的造型都可能出現，因此趣味性最高，自然爭議性也較高，但這些拿造型當作原創藝術的玩家們並不在意他人看法，取悅自己才最重要，從來不將時尚放在心上，超越時空的裝扮才有意思，舊衣新穿、老飾品潮搭配、稀有的民族風元素與手作原創服飾最能引起他們的興趣。

線條	◆ 從極寬鬆到極合身 ◆ 誇張的任何形狀 ◆ 自然或誇張的肩線	◆ 腰身通常不顯著 ◆ 直形或寬下襬但大部分長度很長
色彩	◆ 深色如黑、炭灰、深酒紅 ◆ 濃濁的色彩如卡其、橄欖綠、水鴨藍、芥末黃	◆ 螢光色如黃、綠、橘
質料	◆ 軟的或硬的 ◆ 粗糙的或光滑的 ◆ 發亮的或霧面的質料	◆ 天然的或人造的 ◆ 最喜愛有質感的棉或麻
花紋	◆ 民俗風格 ◆ 局部或片段式的圖案	◆ 各種花紋的混合

如何看起來更藝術原創？

- 多層次穿法
- 混合式搭配
- 配戴大型或多重飾品
- 使用具民俗風的配件
- 多在跳蚤市場中尋寶
- 搜集靴子或粗獷涼鞋
- 髮型極長捲或極短均可
- 不化妝或極特別極個性化的化妝方式

藝術變化型－沒有不可能的搭配

特色：個性化，多元化，混搭，解構風

- 黑色，深色，濁色、螢光色
- 民族圖案，片段，混合
- 曲線或直線
- 誇張的方、長方或圓形
- 異材質拼接，天然，無限制
- 鑲邊，半寶石，貼花
- 精緻度偏低
- 結構大半不明確
- 合深度大半極低，偶爾極高
- 非常規比例

045 心理與社會完美整合——職場四型風格

96 年研發出女性八型心理風格之後，一直使用在女性個人形象諮詢，感覺格外便捷準確，唯一缺點是無法直接套用在男士身上；另一個問題是在團體培訓中，八型略嫌繁瑣，且在場男士被忽略過久，可能失去興趣，於是在 2010 年發展出全新整合版本，稱為職場四型風格，優點是男女通用，且將四大場合需求與四大形象訊息完美融合，堪稱涵蓋心理與社會層面的超級風格類型。

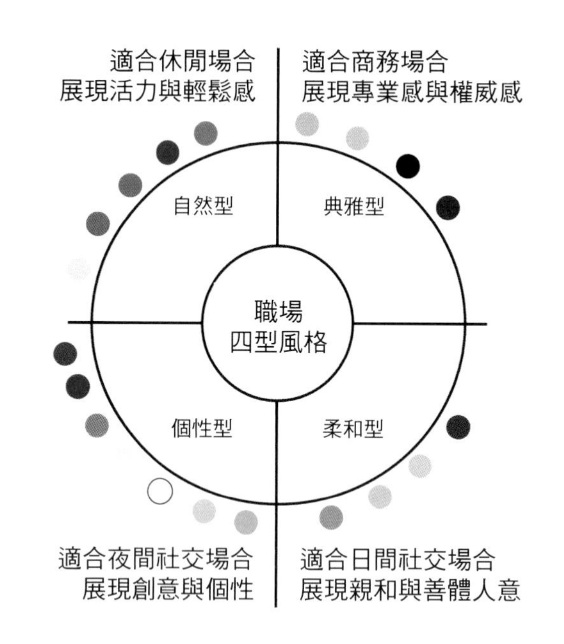

比較八型與四型兩個系統，四型中的典雅型包含原有的高貴典雅型與傳統嚴謹型，柔和型是溫柔淑女型延伸的兩性版，自然型包括輕便休閒型與清純學生型，個性型涵蓋性感迷人型、搶眼時尚型與藝術變化型三類。因此完成個人形象諮詢的女性，可以輕易轉換得知自己的職場風格。

職場裝扮固然需要考慮個性，但實際上仍以工作性質與職位為首要考量，在私領域中，人人可以盡情做自己，順性而為最舒適自在，但在公領域中，主要訴求是符合身分地位與達到最佳溝通效果，如能同時取悅自己，十分幸運，萬一有所矛盾，必須做出取捨。

方式有二，第一種是將服裝分為兩類，私人場域選擇自己喜歡的風格，工作時則穿著適合職場身分的風格，有些人在轉換中頗能取得平衡，不以為苦，有些人覺得麻煩，或根本不喜歡自己的工作裝扮，此時建議第二方案——更換職業，就長期目標來看，這正是釜底抽薪的辦法，喜歡並享受你的職場風格，代表這個工作性質符合你的本性，才能樂在其中，盡情發揮。

046 職場四型風格 DIY

四型風格診斷包含以下三部分，人格特質、職業與經常參加的場合，人格部分建議圈選兩個，一個主型，一個副型，職業部分多為單選，場合則可複選。

首先完成前兩部分，看是否一致，假使一致，恭喜你，已經走在人生正確的軌道上，假使不一致，正如前文所述，短期方案是將服裝分為公領域與私領域兩大類，長期方案建議更換職業，讓工作性質與個性盡量吻合。

問卷第三部分是檢測生活中出席各類活動的性質與多寡，答案可再與前兩部分交互比對，如吻合性高，服裝規劃上比較簡單，如吻合性低，或答案過於分散，則必須對不同活動的重要性做出評分，再理性規劃各類風格服裝的比重。

一、下列何者最能形容你的個性與人格特質，請選出最接近的第一與第二位

A	B	C	D
講究	親切	自然	時髦
要求完美	單純	樸素	自信
嚴謹	體貼	敏捷	特立獨行
穩重	溫柔	活力充沛	有創意
可靠	和善	不拘小節	重視美感
理性	感性	愛好運動	富藝術性

二、你的職業與工作性質是什麼？

A	B	C	D
主管階級	教育	工程製造	藝術
公眾人物	社會工作	攝影學生	創意
發言人	心理諮詢	學生	廣告
演講人	營養保健	體育界	表演
法律	接待人員	休閒旅遊	形象顧問
金融	醫護人員	技術人員	髮型美容
政治		零售業	
顧問			

三、你經常參與哪一種活動？

A	B	C	D
正式餐會	親子活動面試	運動	藝術欣賞
開幕典禮	家庭聚會活動	園藝	晚宴
電視採訪	同學會	旅遊調查	服裝秀
婚禮	調查訪問	志願工作訪問	展覽會
文化活動	慈善活動	戶外活動	舞會
商業活動	宗教活動		時尚社交
政治法律活動	私人社交		
面試			

分析結果

A. 經典型 classic　(　　　　　)

B. 柔和型 gentle　(　　　　　)

C. 自然型 natural　(　　　　　)

D. 個性型 characteristic　(　　　　　)

047 經典型風格——行禮如儀

經典型風格對應的人格特質是講究、高標準、嚴謹、穩重與理性，這是職場最典型的裝扮，也是商務裝典範，即便近年休閒風再怎麼吹，仍有部分社會菁英，其中以政治、法律、金融、醫學等行業，以及企業管理層，最需要仰賴經典型風格來展現專業、可靠與權威的形象。

一般並非以上個性或相關行業的人，在重要場合如面試、正式典禮與商業談判或會議等，也需要做這樣的裝扮，以示對參與的人與活動，表達尊重與重視，因此可以定義為雙方行禮如儀時共同默認的最佳裝扮方式。

經典型女裝

特色：優雅、正式、簡單大方、重質感、略帶時尚感

主要服裝款式：裙裝套裝，褲裝套裝，洋裝加外套

線條	◆ 剪裁合身 ◆ 肩線柔和自然	◆ 有腰身而不誇張
色彩	◆ 中性色中的乳白、米色、灰色與灰褐 ◆ 深色的黑、鐵灰、藏青色	◆ 莫蘭迪色調如乾枯玫瑰色、奶油黃、酪梨綠、天青色
質料	◆ 以質地佳的毛與絲製品為主 ◆ 質感好的天然或混紡纖維	◆ 柔軟或略帶光澤
花紋	◆ 較常穿素色或小型花紋	

其他特徵

- 多使用同色系或相近色系搭配
- 服裝質感重於流行
- 配件與飾品成套且力求完美
- 髮型整潔優雅
- 化妝考究正式

經典型男裝

特色：成熟、主流、不特別強調時尚感、變化較少

主要款式：西服套裝加領帶，配套西裝加領帶

線條	◆ 剪裁鬆緊合宜 ◆ 肩線明顯而不誇張	◆ 略有腰身
色彩	◆ 深藍與深灰色西裝 ◆ 白色與淺色襯衫	◆ 最常使用斜條紋或素色領帶
質料	◆ 精紡毛料西裝 ◆ 高紗支棉質襯衫	◆ 絲質領帶
花紋	◆ 素面，鉛筆紋，粉筆紋西裝 ◆ 素面，細條紋襯衫	◆ 斜紋，小圓點，小圖案或素面領帶

其他特徵

- 服裝剪裁講究且質感佳
- 服裝妥為整燙
- 搭配深色（多為黑或深咖啡）鞋襪
- 選用高級配件
- 髮型簡單俐落
- 講究個人髮膚修飾

048 柔和型風格——贏得好感

柔和型風格對應的人格特質是親切、體貼、單純、溫柔與感性，服裝剪裁與質感都以曲線為主，女性裝扮特點是女人味十足，男性則偏向軟性特質。雖然並非職場最主流的風格，但在初入職時期至三十歲前，這類風格給人輕鬆與年輕的印象，在需要展現高度親和力的職場，如教育、心理諮商、社會工作、營養健康諮詢與接待等工作，特別適合這類型裝扮。

就場合來說，白天的非正式社交與各式活動，如親子聚會、家庭聚餐、好友午茶會、讀書會、宗教與慈善活動等，氣氛輕鬆活潑，人際互動頻繁，最適合這類裝扮，因此柔和型風格可以定義為提升個人好感度的裝扮方式。

柔和型女裝

特色：柔軟、年輕、女性化、重細部裝飾

主要款式：以裙裝為主，連衣裙，針織套裝加裙，女款襯衣加裙

線條	◆ 肩線柔軟或有縐褶 ◆ 腰身明顯或有縐褶	◆ 裙襬較寬
色彩	◆ 中性色中的白色、淺灰、灰米	◆ 常用粉彩色系 ◆ 較少穿著深色
質料	◆ 以軟質有垂性為主 ◆ 質輕且薄	◆ 不太發亮
花紋	◆ 小型重複花紋 ◆ 花朵與曲線型花紋	◆ 較傳統的花紋

其他特徵

- 服裝柔軟飄逸
- 多女性化的裝飾細節
- 配件宜秀氣且多曲線設計
- 髮型微捲、配戴髮箍或蝴蝶結飾、公主頭
- 化妝淡雅甜美

柔和型男裝

特色：年輕、素雅、親和、簡單大方、稍有時尚感

主要款式：單件西裝加襯衫，偶爾才打領帶

線條	◆ 剪裁鬆緊合宜 ◆ 肩線明顯但不誇張	◆ 較有腰身
色彩	◆ 灰色西裝（深色到中等），大地色西裝 ◆ 淺色襯衫，條紋襯衫，淺粉淺紫襯衫	◆ 明亮色調的領帶
質料	◆ 毛料或混紡毛料西裝 ◆ 棉質或混紡棉質襯衫	◆ 絲質領帶或其它混紡材質領帶
花紋	◆ 素面西裝 ◆ 素面，細條紋，小格子襯衫	◆ 斜紋，小圓點，小圖案，草履蟲或素面領帶

其他特徵

- 裝扮較為休閒
- 重視服裝搭配
- 服裝須保持整潔
- 鞋款較休閒色彩不拘
- 選用質感好的配件
- 髮型清爽年輕

049 自然型風格——講求效率

自然型風格最在意的是服裝的舒適度，喜歡天然材質與較寬鬆的剪裁，對時尚關注度較低，這些人分布在各行各業，很容易從他們輕鬆的裝扮方式辨認出來，假使恰巧工作並非管理性質，或偏向技術性或體能性，可以說是適得其所，但萬一需要正式著裝，則必須努力提升服儀標準與審美能力。

就場合而言，自然風格最適合休閒、運動與戶外活動，相信所有人的衣櫥裡都備有這類服裝，才能在休閒生活中融入場景，享受無拘無束的閒適逸趣。

自然型女裝

特色：輕鬆、自在、舒適、重機能性

主要款式：襯衫配長褲，針織衫加裙或褲

線條	◆ 剪裁較寬鬆 ◆ 肩線自然而不誇張	◆ 腰身不明顯
色彩	◆ 中性色如深藍、卡其色與白色 ◆ 大地色系如咖啡色、磚紅	、駱黃、橄欖綠 ◆ 鮮豔的顏色如紅、黃、綠
質料	◆ 天然材質如純棉、麻與毛料	◆ 質地較挺、較有觸感且不發亮
花紋	◆ 小至中型花紋	◆ 條紋、格子、圓點與有趣的圖案

其他特徵

- 裝扮較為休閒
- 穿褲裝多於裙裝
- 須保持服裝良好狀態
- 配件少或個性化
- 化妝與髮型力求自然

自然型男裝

特色：輕鬆、休閒、舒適、方便

主要款式：有領上衣加長褲，有時穿其他款外套

線條	◆ 剪裁較寬鬆 ◆ 肩線較寬	◆ 腰身不明顯
色彩	◆ 大地色為主 ◆ 有時會穿各種鮮豔色彩	◆ 深色襯衫，花格子襯衫 ◆ 極少使用領帶
質料	◆ 天然材質如純棉、麻與毛料	◆ 質地較挺、較有觸感且不發亮
花紋	◆ 素面外套，格子西裝 ◆ 格子與條紋	◆ 抽象或有趣圖案領帶

其他特徵

- 裝扮更為休閒
- 較不重視搭配
- 服裝須保持新度
- 搭配各種顏色的休閒鞋
- 選用休閒款配件
- 髮型短而俐落

050 個性型風格——展現創意

個性型風格向來是與眾不同，在群體中鶴立雞群，很容易成為焦點，此類型有部分對時尚極為敏感，總是關注著潮流趨勢，另一部分則對時尚根本無感，按著自己的感覺恣意裝扮，這類人多半從事創意工作，前者以表演娛樂業居多，後者多半是藝術家，都是個性鮮明的人士。

適合個性型服裝的場合除了藝術或時尚活動，夜間社交更是個性型風格大展身手的最佳場域，因此即便並非這類風格的朋友，也應備有一些個性型服裝或飾品，才能在派對與舞會中閃亮登場。

個性型女裝

特色：個性化、多元化、組合性、解構風

主要款式：寬裙或寬褲，袍子或任何形式

線條	◆ 從極寬鬆到極合身 ◆ 自然的或誇張的肩線	◆ 腰身非常明顯或不顯著 ◆ 直形或寬下襬但長度很長
色彩	◆ 常用黑白配，深色如炭灰、深酒紅艷如寶石的色彩	◆ 濃濁的色彩如卡其、橄欖綠、水鴨藍、芥末黃 ◆ 螢光色如黃、綠、橘
質料	◆ 軟或硬，粗糙或光滑，亮或霧，天然或人造	
花紋	◆ 幾何圖形、抽象花紋 ◆ 具現代感與流行性的圖案 ◆ 大型花紋或間隔較大的	◆ 民俗風格 ◆ 局部或片段式的圖案 ◆ 各種花紋的混合

其他特徵

- 多層次穿法
- 混合式搭配
- 採用寬配窄、長配短等對比式搭配
- 配戴大型或多重飾品
- 使用具民俗風的配件
- 穿靴子或粗獷的涼鞋
- 髮型極長捲或極短均可
- 化妝極自然或極人工化均可

個性型男裝

特色：個人特質、時尚感、創意、誇張

主要款式：可以是任何一種款式

線條	◆ 緊身或寬鬆均可 ◆ 呈誇張的各種形狀	◆ 長度寬度突破一般男裝常規
色彩	◆ 中性色中的黑與白 ◆ 強烈對比的搭配	
質料	◆ 喜好硬挺有型的 ◆ 時尚新面料	◆ 光滑的或粗糙的 ◆ 發亮的或霧面的
花紋	◆ 幾何圖形、抽象花紋 ◆ 具現代感與流行性的圖案	◆ 大型花紋或間隔較大的

其他特徵

- 以黑色服裝為主軸
- 服裝與配件須重時尚感
- 採用寬配窄、長配短等對比式搭配
- 喜歡配戴飾品
- 髮型時尚且有型
- 注重個人修飾

051 複合風格——人與衣物皆然

在做風格診斷時，有時會遇到一些特殊情況，有人選不出第三組人格特質，甚至第二組都十分勉強，也有人問道：「能不能選五組或六組？」甚至還有人說好像每組都有一點像；其實人的個性原本就極為複雜，但為了能將裝扮與服裝款式集中在一個合理範圍內，因此一般建議選三組，也就是一個主型，兩個副型，假使超出，多半會進一步按場合或至少按公私領域分類。

舉例來說昀老師多年以來都以高貴典雅、藝術變化與搶眼時尚作為衣櫥主要組合，但內心一直對輕便休閒有所嚮往，只不過穿著機會不多，歷經兩年半的避疫生活，公領域活動大幅減少，在私領域中可以盡情放飛自我，於是輕便休閒服裝成為主導。

心理風格與場合組合（昀老師為例）

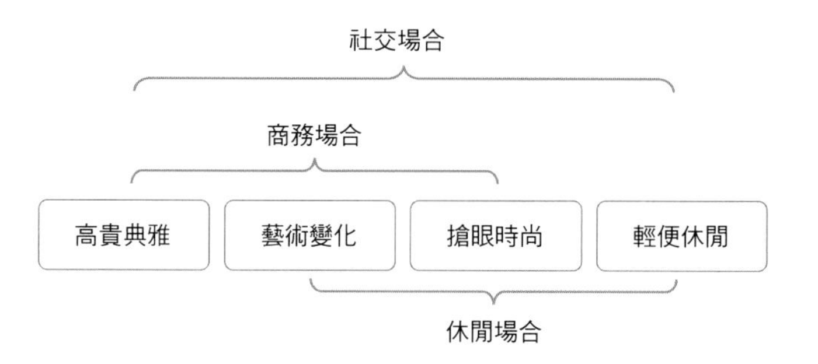

現在衣櫥明顯是四型組合：商務場合適合高貴典雅、藝術變化與搶眼時尚三型，休閒場合則是輕便休閒、藝術變化與搶眼時尚三型，至於社交場合則視情況在四型當中任意遊走；因此對於八型風格的應用，可以隨場合需求而增減並自由組合，不需要太過拘泥於三型的限制，但為了避免衣櫥爆炸，仍需要限制在五型之內，否則風格分類便失去意義。

再談談服裝飾品的複合風格，很少裝扮是屬於單一風格，單品比較可能是單一風格，但經過搭配後往往風格便趨向多元，可能因為一雙小白鞋，讓整體有了休閒風，或因為一個三宅一生的三角膠片拼接Bao Bao，瞬間藝術變化或搶眼時尚風明顯可見。尤其近年來的混搭熱潮讓複合風格一發不可收拾，連單品都可能有多種風格，例如牛仔夾克上帶有蕾絲裝飾，發亮絲綢面料的工裝褲，再透過混搭技巧，一套完整穿搭往往涵蓋三、四種風格，很能滿足各種不同風格組合的人。

接下來看幾個案例，就會更加清楚，什麼是風格組合。

圖一商務休閒裝，風格組合：高貴典雅＋藝術變化

圖二日間社交裝，風格組合：輕便休閒＋藝術變化

圖一

圖二

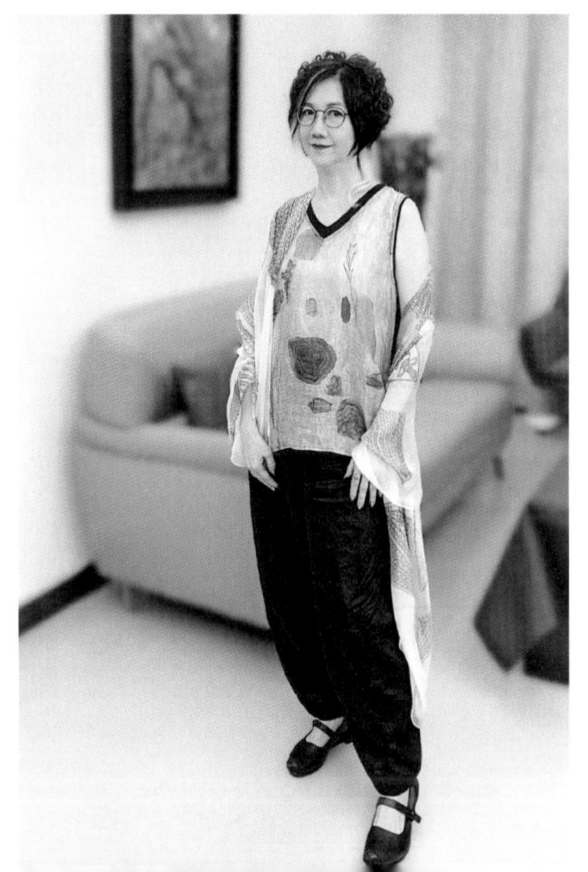

052 省錢省時又省力——購衣前先測風格

還沒弄清楚或懶得管風格分類的朋友，在此提出一個特別簡單的解決方案，在添購衣物前，務必先填寫一個風格關鍵表，清楚自己的裝扮傾向，再去購物，才不至於買錯。

根據多年形象諮詢經驗，女性衣櫥中的衣物大約有一半幾乎沒在穿，會穿的這一半又只有一半經常穿，受冷落的那一半中竟有再一半完全沒穿過，也就是說 25% 在服裝上的消費純屬浪費，比例相當驚人。仔細研究為什麼總是買錯，且屢錯不改，原因是女性的購買行為多偏向感性，尤其在換季折扣期間，衝動購買更如脫韁野馬，假使不回歸理性，只會一錯再錯。

分析那些買回去從來沒穿過的衣服，其實大多數是以前從沒試過的款式，有時心中難免對某些不熟悉的造型有些好奇或憧憬，心想自己也許能駕馭，但買回去後，很多都淪為衣櫥孤兒，這類原不屬於自己風格的單品，與原有服裝很難搭配，又不願再為孤兒添夥伴，於是就擱置下來。或偶爾一時興起，穿上從未穿過的服裝在鏡前顧盼生姿，心想也還不錯看，但臨出門前，忽然覺得不自在，於是又匆匆換上穿了不下百次的最熟悉的服裝，這種經驗許多女性朋友都有過，每次聊起來都心有戚戚焉。

於是理性購衣勢在必行，先找出最適合自己的裝扮方式，以下有五組關鍵詞，女性 vs. 中性，經典 vs. 藝術，低調 vs. 張揚，休閒 vs. 正式，簡約 vs. 裝飾，分別有從 1 至 5 的度數，想想自己的穿衣習慣，哪些是最像自己，且感覺最自在的服裝款式，完成這張表格，以手機拍照留存。此後在購物時，先拿出來複習，每一款令你心動的衣物，都得逐一核對，與表格特質相同，才能購入，久而久之，對自己的風格掌握得越來越精準，採購搭配都變得更有效率，加上大幅減少錯買衣物的花費，省錢省時又省力，還能穿出最有魅力的自己，何樂而不為。

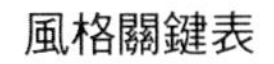

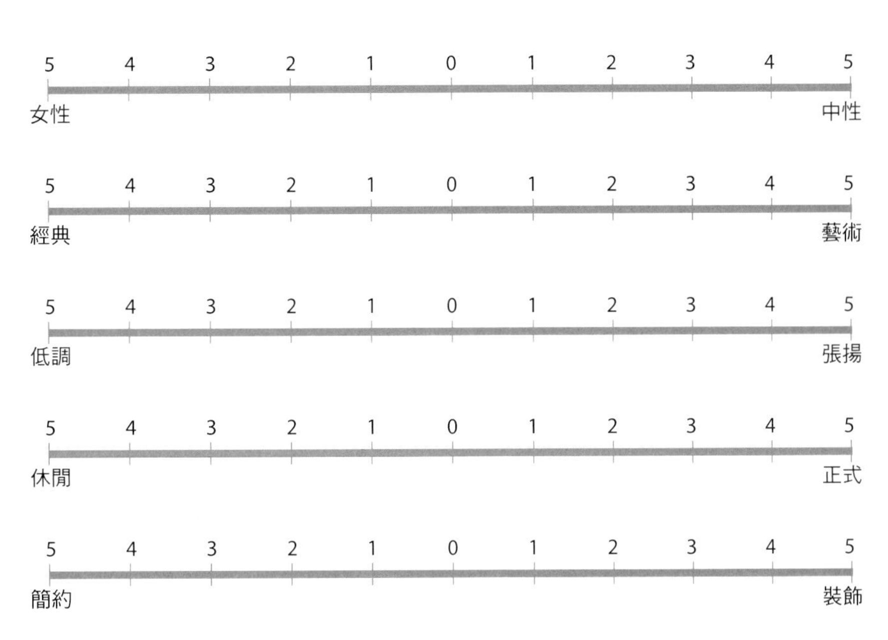

第四章

身材修飾

053 昀式身體論

女性向來對身材要求較男士來得高，一百個女人至少有八十個覺得自己太胖，只要在局部有小小不滿意，立刻自動加入減肥行列。為了降低姊妹們對身體的焦慮，進行形象諮詢時，很少提及所謂標準體型、黃金比例與理想曲線等，重點是希望人人都能欣賞自己的獨特性，其實只要懂得揚長避短，任何身材都能穿出美感。

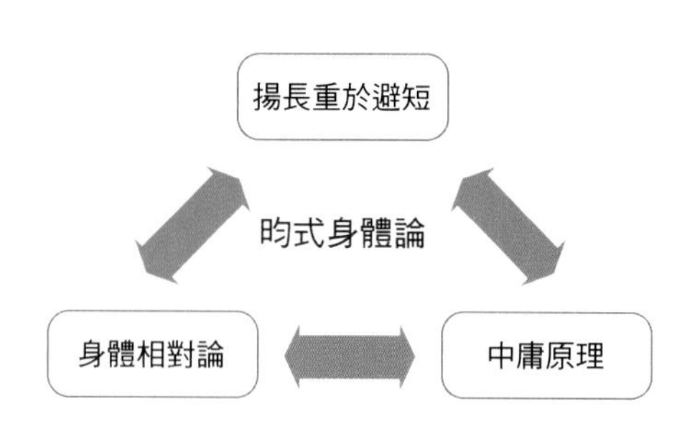

關於身材修飾，在此提出三個重點，希望能幫助女性愛上自己的身體。

一、揚長重於避短

找出自己身材的三大優點，裝扮時努力將重點放在凸顯優點，至於缺點，輕輕一筆帶過即可，遮掩太過用力，難免淪為欲蓋彌彰，例如不論天氣多熱，永遠穿黑襪，這只會吸引他人眼光焦點落在自己不太細的雙腿上，明顯是個錯誤方法。

二、身體相對論

盡量用眼睛觀察，而不需要太在意數字，昀老師在做體型診斷時，很少用到尺，因每個人每個部位的大小長短都不相同，數字沒有什麼意義，例如肩寬 39 公分，在嬌小的 A 身上看起來可能顯得略寬，但在高　的 B 身上相對顯得略窄，因此自已身體各部位的相對尺寸才是判斷基準，應摒棄與人比較的想法。

三、採中庸原則

在形象學發展史上，有兩大相反的身體修飾理論，其一是呼應理論，所有穿戴服飾細節都需要與自身體型特徵相似，顯得最為和諧，聽起來合情合理，但假使這個特徵並不為自己所喜，而服飾線條與形狀的重複必然會造成強調，反而更加明顯。其二是修正理論，針對不滿意的部位，建議穿戴相反的線條或形狀，但經驗證顯示反差越大，更加強調原有的問題，根本無法修飾。因此最佳解決方案便是走到中間，既不太相似，也不太相反，才能模糊焦點，讓這部位被忽略。看看以下三張圖片，便能了解，圓臉方臉都不適合戴圓眼鏡與方眼鏡，都適合戴走向中庸的方圓形眼鏡。

現在請姊妹們放下書本，走到鏡前，仔細觀察自己，找出身材的三大優點，並且天天都要對著鏡子大聲說：「我好美，真的好美！」

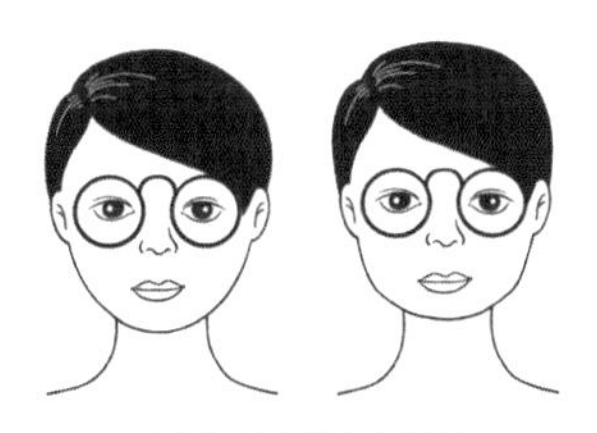

方臉圓臉戴圓眼鏡

方臉圓臉戴方眼鏡

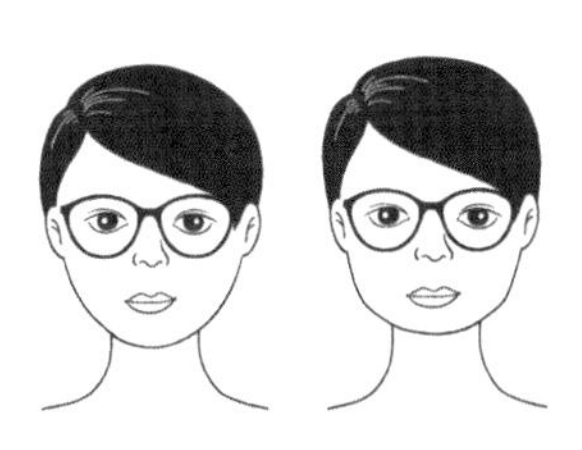

方臉圓臉戴方圓眼鏡

054 視線連貫與上升——身高修飾

在形象諮詢時，雖然不強調標準如何，但還是有所謂主流審美左右著大家的喜好，對於身高的期待，男士只要在正常範圍內，似乎越高越好，女性近年來也多半追求高，且一再放寬所謂太高的極限；但在此還是要勉勵所有人，自信的確可以使人看起來更高，不論你的真實身高，所到之處必須抬頭挺胸，再加上穿對服裝，必能成就氣場一八〇的效果。

顯高怎麼扮

1. 多利用視覺連貫性，上下服裝甚至鞋襪，色彩盡量一致，便能使人顯高，這項技巧男士也適用，職場裝扮從西褲與皮帶鞋襪幾乎都是深色可見一斑，此外在穿著配套西裝時，建議上下半身色彩不宜相差過大。

全身同色符合視覺連貫性

2. 高跟鞋是重要法寶，嬌小女生避免穿平底鞋，不論多流行都得忍住，近來休閒鞋或運動鞋底越做越厚，有些還自帶內增高。至於高跟鞋，高至八、九公分都不為過，但款式不宜太誇張或厚重，否則顯得笨重；矛盾的是超高跟鞋跟其實只適合高個子，小個子穿上因鞋跟與小腿比例失衡，舉步維艱，反而尷尬。

   男士比較吃虧，搭配西裝的正式紳士鞋幾乎都是低跟，但現在有一種內增高鞋墊，使用的男士也不少，據說有一定效果，很在意身高的男士不妨試試，但褲長也必須隨之調整。

3. 服裝上的裝飾應盡量集中在肩頸部位，避免裝飾下半身，最好配戴短項鍊，超過腰部的項鍊絕對不建議；避免使用太長的單肩包，否則焦點也會往下降。

裝飾頭、肩、頸部，可使焦點上移

4. 女性上衣選擇較短的款式，尤其搭配略寬的裙子，會讓人顯高；但在男士身上並不適用，因西裝外套必須蓋臀才行。
5. 女性下半身服裝避免太寬，大蓬裙與闊腿褲都需要靠穿高鞋跟來幫忙。
6. 女性頭髮不要太長，最長及肩，短髮會將視線往上提，讓人顯高。

顯矮怎麼扮

1. 女性嫌過高可以利用多層次穿法，透過色彩的截斷，看起來比較不顯高。
2. 建議穿平底鞋，如要展現優雅感，可選尖頭款，雖少了細鞋跟助陣，但還是有幾分婀娜姿態。

顯高怎麼扮

- 視覺連貫性
- 穿高跟鞋
- 裝飾肩頸部
- 上衣宜短
- 下半身服裝不外擴
- 頭髮避免太長

顯矮怎麼扮

- 多層次穿搭
- 穿平底鞋（尖頭）

短上衣配寬裙很顯高

055 合身才顯瘦——體重修飾

一般說來，體重比身高更讓人困擾，過了青春期，身高大致底定，但體重卻是一輩子的關注焦點，甚至越到後來越得付出加倍努力才行。半世紀以來，主流審美都是以瘦為美，偏偏全球已開發國家糧食充裕營養過剩，想瘦真的很難，但透過保持良好姿勢，選對正確內衣，穿搭合適服裝，還是可以在自己身材基礎上，展現最苗條自我。

顯瘦怎麼扮

1. 最重要是選擇合身的服裝，過緊過鬆都會顯胖；千萬不要以為穿寬大衣服可以遮掩，其實衣服越大，人顯得越大，寬鬆（oversize）服裝其實是恰到好處的瘦子專屬（太瘦也不行）；至於衣服過緊容易顯胖是常識，但不少人還是會犯錯，原因是以為自己會很快瘦下來，堅持不肯換大一號，於是就綁粽子了。
2. 其次是服裝剪裁必須明確，尤其肩膀與袖子的結構一定要清楚，必要時加一片最薄的墊肩，讓肩膀線條明顯，立刻瘦三公斤，效果驚人；避免穿蝴蝶袖或連袖款。

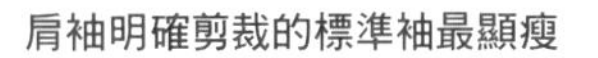

肩袖明確剪裁的標準袖最顯瘦

3. 面料最好有垂墜感，不論厚薄，布料要有足夠重量，才會往下墜，穿在身上順著身形向下，不至於往外擴張；但特別胖的人除外，垂墜面料會讓身體隆起部位顯露出來，因此需要棉麻類有一點支撐力的面料，讓衣服稍微離開身體才好。
4. 利用縱向切線區塊，包括服裝有公主線雙色拼接設計，或穿著長背心、西裝外套、針織開衫時，將扣子解開，身體自然分隔成若干長條形區塊，保證顯瘦。
5. 利用縱向線條，配戴長項鍊或長絲巾，可以在胸前形成長直線條，視線會上下移動，感覺較瘦。
6. 在裝扮時盡量將瘦的地方露出，腰細多繫皮帶，腳踝細穿七分褲搭配羅馬鞋，手臂細穿七分袖將手腕露出等。
7. 以上技巧男士也都適用。

垂墜面料使人顯瘦

縱向切割與縱向線條使人顯瘦

顯胖怎麼扮

1. 這是少數瘦子的煩惱，服裝也需要合身，避免穿得過緊，露出排骨，過於寬鬆也不行，因衣服掛在身上晃，顯得空洞鬆垮。
2. 面料以硬挺為佳，硬挺布料會往外擴張並挺立，可以將人的輪廓略為加大。
3. 以上方式男士也適用。

顯瘦怎麼扮

- 服裝合身
- 肩袖結構明確
- 垂墜面料
- 縱向分割區塊
- 縱向線條
- 露出瘦的部位

顯胖怎麼扮

- 服裝合身
- 硬挺面料

056 神奇的頭身比

許多實際身高一樣的人，視覺身高卻不盡相同，影響視覺身高的因素很多，其中最重要是比例，第一是頭身比，第二是上下半身比，為了追求看起來更修長，應該好好研究如何改善這兩種比例。

首先談談頭身比，大家可能都聽過國際名模超凡入聖的九頭身，頭的長度是身高九分之一，簡直不可思議，東方人因身高較矮的緣故，八頭身已讓人非常羨慕，大多人都無法企及。

究竟該如何修飾頭身比？分別可以在分母與分子兩處下手，增加分母的唯一方法只有仰賴高跟鞋，身高增高，頭在比例上相對顯得較小；縮小分子的方法主要應在髮型上下功夫，無論如何一定不能再擴大頭的體積與臉的面積，才有可能顯高。

而真正所謂頭身比，指的究竟是從頭頂至下巴，還是從髮際線至下巴，經國際形象專家們討論，多半認定是後者，因此正確說法應是臉身比，於是最好選擇既能縮小頭也能縮小臉的髮型。

	臉變小	臉變大
頭變大	長捲髮 斜瀏海 半遮臉	長捲髮露全臉
頭變小	長髮梳法式髻 赫本頭 波波頭	長髮梳光髮髻 削薄直短髮、露全臉

◀ 對應頭臉大小變化之髮型

分別將頭臉變大、變小兩組變數輸入，得出這個四格矩陣，最不理想的是讓頭臉都變大（右上），包括八〇年代曾流行過的外翻大波浪長髮稱為法拉頭，以及黑人常見的蓬蓬小捲麥克風頭；其次有些女生喜歡將全部頭髮梳起紮成為馬尾或髮髻，看起來頭雖變小，但臉卻全都露，反而顯大。

此外削薄直短髮，將前面兩側頭髮全塞耳後，也是同樣頭變小臉變大（右下）；還有一種是長捲髮側分斜留海，如梨花頭，頭雖然放大但臉卻縮小了（左上）。

最後也是最理想的是頭臉都縮小（左下），包括有層次的偏直短髮如赫本頭與波波頭，以及將長髮全部挽成髮髻、但鬢角留有碎長髮的法式髮髻，這三種髮型都能讓人頭臉變小，有效改善頭身比。

057 古老文明人種煩惱——上下半身比例

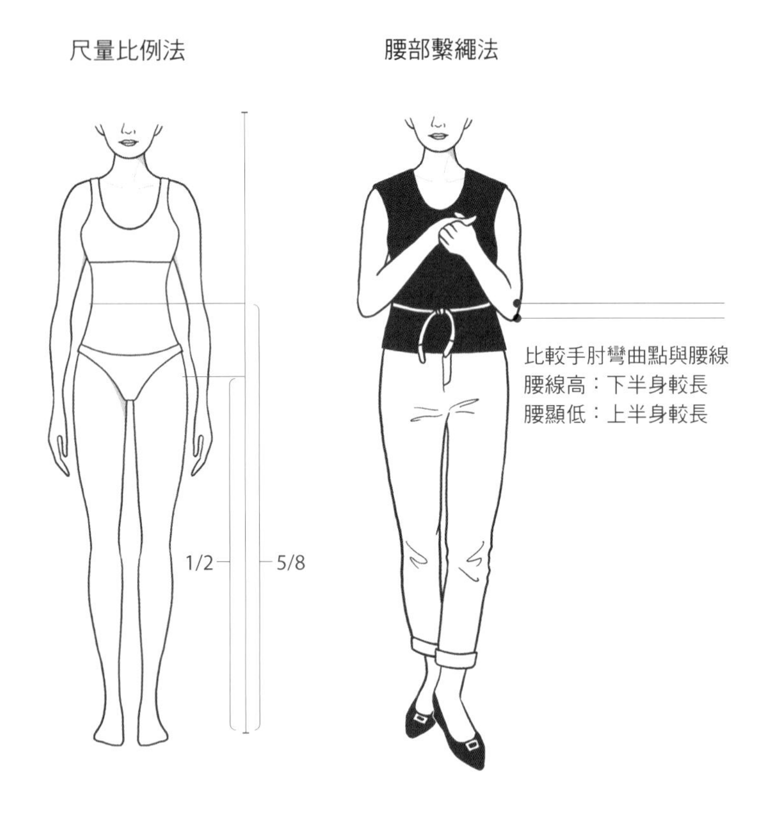

提到上下半身比例，和頭身比類似，黃種人也並不占優勢，據人類學家研究，由於我們的祖先最早進入農業生活，經過數千年演化，四肢逐漸變短，因彎腰耕種腿太長不十分方便，於是這個古老的文明人種與白種人黑種人相較，下半身較短，上半身顯得偏長，但百年來由西方主導的時尚審美觀偏好長腿，因此在裝扮時，得認真加強下半身比例，才能顯得更高 。

上下半身比例如何才算理想？女性有兩個方法可以檢測，第一種是用尺量，自腳底至腰，若為身高的八分之五算是標準，此外也可以從腳底量至髖關節處（大腿彎曲處），應為身高的一半。第二種不需要用到尺，只要將手肘彎曲，和腰做比較，肘尖與腰線等高算是中等比例，腰比手肘尖高表示下半身較長，腰比手肘尖低則是上半身較長。

至於如何增加下半身比例，大致與增高方法相同，首先要善用高跟鞋與視覺連貫性，其次褲與裙避免低腰款式，女性腰帶位置常與潮流有關，曾經很長一段時間流行低腰，所幸物極必反，目前腰線已經提高不少。男性在這方面比較沒有彈性，尤其西裝褲，腰都是標準高度，變化很小。

其實對女性而言，最根本的修飾方法是多穿裙裝，只要裙腰位置提高，裙襬略寬一點，即可將臀線模糊掉，看不清楚真實臀部位置，以為裙腰等於真腰，但穿高腰褲裝效果不彰，因臀線清晰可見，刻意穿高腰褲，反而顯得腰特別長，因此建議下半身不夠長的女性多穿裙少穿褲。

腿顯長方法

- 穿高跟鞋
- 避免低腰褲
- 穿高腰寬裙

058 字母 vs. 水果——女性身材曲線分類

早期談到女性身材曲線，一般都會想到三圍數字，似乎有個神祕公式，一聽就能想像出完美曲線，其實單看這三個數字並沒有太大意義，因為人體是 3D 的，同樣的數字可能外觀完全不同，因此接下來要討論的曲線，完全不需要尺量，用眼睛觀察反而更準確。

談到曲線分類，各家有不同理論，最常見的是以英文字母為代表的分類，這個系統將女性的腰、臀與肩進行分析，大致分為五類：A、X、H、O、T，由於望形生義，很容易理解，但在診斷時，發現只有 X 型最受歡迎，大多女性被歸入其他類型時，難掩落寞，因此為了避免一家歡樂幾家愁的情況，昀老師的最愛還是最直觀最簡單的水果分類。

水果分類最大優點便是只有不同沒有優劣，蘋果與梨子一樣美味，當然也一樣美觀。這個系統只討論腰與臀正面寬度差，不考慮肩寬，肩寬另行分析處理，至於腰與臀的差距，影響下半身服裝款式的選擇，因此有必要了解自己的曲線屬性。

梨形身材特點是細腰豐臀，又稱曲線型身材，看起來比較有女人味，正面全身最寬處在髖關節下方大腿上方，長胖時增大部位多半在臀部與大腿，腰部以上比較不易長肉，對照英文字母分類，梨形即是 X 型，至於 A 型，是胖版 X 型或是窄肩 X 型。

蘋果形身材特點是直腰窄臀，又稱直線型身材，與梨形相較偏中性感，正面最寬處在髖關節，大腿處即開始變窄，長胖時多半集中在腰部，臀與腿較不容易長肉。對照英文字母分類，蘋果形即是 H 型，O 型是胖版 H 型，T 型是寬肩 H 型。

經過分析，了解自己的曲線類型，建議大家立即愛上這個類型，因為曲線很難改變，常看見美體沙龍廣告上說「哪裡胖就減哪裡」，絕對不可能，相反的，「哪裡大就胖哪裡」卻是事實，因此好好運動，維持健康體重才是上策。

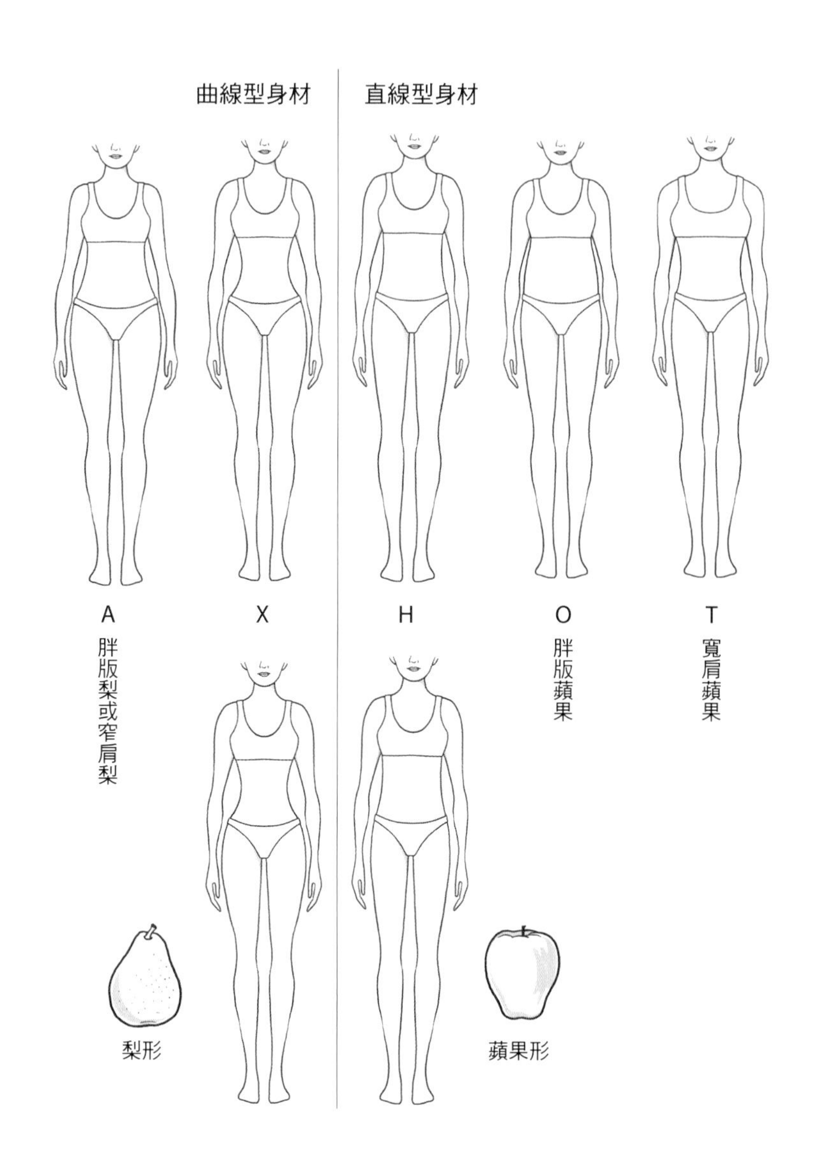

059 蘋果梨子一樣美——曲線修飾

定義自己身材曲線，愛上這個類型之後，接下來趕緊學學如何將自己的曲線做最佳呈現。

梨形身材最大優點就是腰細，只要在合適體重範圍內，梨子姊妹的腰圍很有展示的本錢，部分梨子比較在意自己的臀圍，視覺上顯得相對較寬，大腿也有些肉肉，穿上牛仔褲可能沒那麼帥氣。

蘋果形身材恰巧相反，臀窄成為優點是新世紀以來的時尚趨勢，因為中性風大流行，女性身材審美也跟著改變，寬肩窄臀似乎更容易展現酷帥美，當然蘋果姊妹的直型腰身有時也不盡如人意，少了纖腰女人味難免也隨之減分。

鬱金香裙適合蘋果身材，但裙腰須略降低

蘋果如何展現？

1. 多做臀部運動，將臀部鍛鍊成緊實有型的翹臀，有利於各種服裝的展示。
2. 盡情穿著褲裝，褲款沒有太大限制，因窄臀對所有褲型有極大適應性。
3. 裙裝最適合窄裙，臀型美好的人還可選擇裙襬內縮的鬱金香款。
4. 避免穿蓬蓬裙，因此種裙款需要細腰來襯托。
5. 避免使用寬皮帶、腰封或腰部裝飾設計，如一定要定義腰圍，只能用細皮帶，或將腰鍊皮帶繫在胯部（低腰處）。

梨子如何展現？

1. 多做腹部運動，因展現腰圍的同時，腹部也是關鍵，維持小腹狀態，才有機會秀出細腰。

寬腰封小哈倫褲適合梨形身材

闊腿褲適合梨形身材

2. 最適合穿著裙裝，尤其下襬放寬的裙款如 A 字裙、百褶裙、蓬蓬裙或蛋糕裙等。
3. 如因職場需要穿著窄裙時，建議選擇直筒窄裙，避免下襬內縮。
4. 適合使用寬腰帶與腰封，以及腰部有裝飾的服裝設計。
5. 褲裝須選擇適合的款式，如臀與腿部較寬鬆的中直筒、打摺褲或哈倫褲，或穿長版上衣略微遮掩臀圍。

蘋果梨人人稱羨

此外還有一種介於兩者之間的理想曲線，有明顯腰身但臀部又不寬，這種夢寐以求的曲線姑且稱之為蘋果梨，在穿著上沒有什麼限制，不論褲裝或是裙裝都能表現自如。

梨子怎麼扮

- 鍛鍊腹部
- 適合寬襬裙
- 窄裙避免下襬內縮
- 適合各種腰帶腰飾
- 適合中直筒與打摺褲

蘋果怎麼扮

- 鍛鍊臀部
- 多穿褲裝
- 適合窄裙
- 避免蓬蓬裙
- 避免寬皮帶

060 臉型自我診斷

一般人對臉型診斷並不陌生，很可能聽髮型師或化妝師提起過，其實臉型除了影響髮型與妝容，對於服裝尤其是領型，以及飾品配件的選擇，也十分重要，因此有必要自我檢測一番。

常見的臉型分為八種，按線條又可分為曲線與直線兩大類，首先特別做個提醒，臉型不可能是幾何圖形，每個類型各有特徵，只要特徵符合便可歸入，無須太執著形狀名稱。

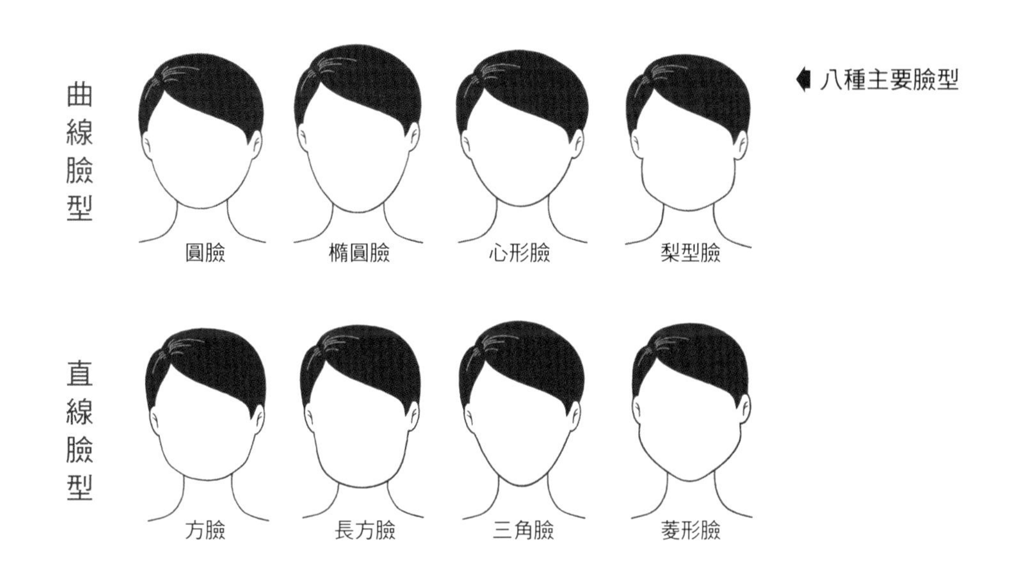

八種主要臉型

曲線臉型

特徵是骨骼感弱，看起來沒有明顯骨骼突出，整體比較肉肉的。

1. 圓臉：整體圓潤，下巴看不見骨骼線條，長度與寬度差別不大。
2. 橢圓臉：整體圓潤，下巴看不見骨骼線條，長度明顯大於寬度。
3. 心形臉：下巴尖，臉頰圓潤，臉較短。
4. 梨形臉：下巴圓潤且比臉頰略寬。

直線臉型

特徵是有某些明顯骨骼感，看起來臉較瘦。

1. 方臉：腮骨較明顯，下巴顯得較短，長度與寬度差別不大。
2. 長方臉：腮骨較明顯，長度明顯大於寬度。
3. 三角臉：下巴尖，臉頰削瘦，臉較長。
4. 菱形臉：顴骨明顯，是臉部最突出的部位。

看完以上說明，有人反應說我好像有一點腮骨，但不太明顯，有一點顴骨，但也不那麼突出，還有些人下巴既不圓又不方也不尖，而是小小的方下巴。當年做個人形象諮詢時，經常遇到類似問題，最後昀老師自創一個新類別，稱為多重角度臉，介於直線與曲線之間，有些許不太鮮明的骨骼感，同時也有些圓潤感，於是成為一個獨立類型，特點是無須特別挑選領型與飾品，尤其眼鏡幾乎不挑形狀，堪稱萬用眼鏡臉。

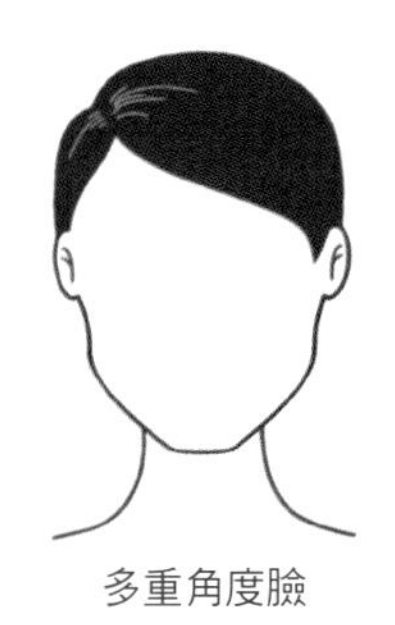

多重角度臉

當年在北京曾被同業質疑，為何要標新立異自創新類別；西方臉形系統中的第九類，稱為長形臉，但東方人中極少有這樣的類型，而角度臉卻為數不少，且分類目的在解決裝扮問題，角度臉在裝扮上幾乎沒有限制，硬塞入其他類型反而不妥。

061 堅守中庸原理——臉型修飾

臉型診斷完成，趕緊學學該如何裝飾，假使滿意自己的臉型，應該按照呼應理論，盡量重複這個線條與形狀，看起來既和諧，也能成為自身特有標誌。假使不太滿意，建議採取中庸原理，不太相似也不太相反，最能達到修飾效果。

九種臉型修飾技巧（按中庸原理）

1. 圓形：避免所有圓形或方形領子與配飾，尤其越靠近臉部越形成強調，V 領最佳，圓領或方領深一點寬一點也可以，一字領也不合適；避免頸圈，最適合有墜子的項鍊，避免圓圈形大耳環，不對稱造型耳環最能修飾；眼鏡應選擇有點角度、又有點圓潤的方圓形，圓形、方形、貓眼形或飛行員款都不合適。
2. 橢圓形：沒有太大修飾必要，但特別豐潤的臉可參考圓形修飾方法，如臉偏長，避免太深的 V 領與 U 領。
3. 心形：如臉偏短，領口宜挖深一點，其他沒有太多限制；適合貓眼形眼鏡。
4. 梨形：修飾方法與圓臉類似，領口挖大挖深一點，可以顯得下巴較小。
5. 方形：與圓形十分類似，也應避免所有圓形或方形的領形與配飾，也是越靠近臉部越須注意，V 領最適合，圓領或方領深一點寬一點也可以，一字領也不合適；避免頸圈，適合有墜子的項鍊，避免圓圈形大耳環，不對稱造型耳環最能修飾；眼鏡應選擇有點角度又有點圓潤的方圓形，圓形方形、貓眼形或飛行員款都不合適。

臉型與領形飾品

	適合領形	不適合領形	適合飾品	不適合飾品
圓形	V 領 領口大一點	小圓領小方領	不對稱設計耳環 吊墜項鍊 方圓形眼鏡	圓圈耳環 方形耳環 頸圈 短項鍊 圓眼鏡 方眼鏡
橢圓形	皆可	臉太長不適合深 V 或 U 形	皆可	無
心形	大部分皆可	如臉偏短領口可 深一點	皆可 貓眼形眼鏡	無
梨形	同圓臉	同圓臉	同圓臉	同圓臉
方形	同圓臉	同圓臉	同圓臉	同圓臉
長方形	皆可	臉太長不適合深 V 或 U 形	皆可	無
三角形	大部分皆可	如偏瘦不適合深 V 或 U 形	皆可 貓眼形眼鏡	無
菱形	皆可	無	皆可 飛行員眼鏡	無
角度形	皆可	無	皆可	無

6. 長方形：修飾方法大致與方形類似，如臉偏長，避免太深的 V 領與 U 領。
7. 三角形：如臉偏瘦，避免穿深 V 與 U 形領口，其他沒有太多限制，適合貓眼形眼鏡。
8. 菱形：幾乎沒有限制，適合飛行員款眼鏡，顯得特別有個性。
9. 角度形：幾乎沒有限制，領形、飾品與眼鏡隨喜好與場合任選。

再次強調，以上建議是為了修飾原有臉型，每一種臉型都有自己的獨特風格，按照呼應理論，重複再重複，創造自己的個性美也正是新世紀的另一種風潮。

062 細長為美——頸部修飾

探討完高矮胖瘦、比例與曲線這四大體型特徵之後，開始進入全身上下的細部分析，首先來看看上半身。

女性頸部審美似乎千年不變，偏好較細較長，這部分判斷很難給出數據，因粗細在視覺上影響長短，且與臉型肩型有一定相關性，隨著年齡體重增加或臉型略為變化，頸部診斷結果都會改變，因此建議除非對頸長非常有自信，盡量將頸部露出就對了，較寬較低的領口不僅可以增長頸部，還可以讓臉顯小，絕無害處。

V 領顯得頸部較細長

小圓領顯得頸部較粗短

感覺頸部略粗略短的朋友，避免穿高領，若真的怕冷，盡量選擇薄款，或使用較薄的圍巾；有需要穿中式服裝時，領子做低一點，或將中式外套敞開來穿，既灑脫也挺時尚。

很少數頸子過長的朋友，領口可適度縮小，V 領 U 領較不合適，有人以為在頸部中間繫個小平結或蝴蝶結可以截斷頸長，然而此舉更容易將他人視線吸引至此，修飾效果不彰，但為了保暖，將頸部整個遮掩的方式可能奏效。

除了粗細長短，最常被問到頸紋該如何處理，坦白說頸紋是天生，沒有什麼方法可以顯著減少，當然從年輕時勤做保養，保濕防曬一樣不能少，多做頸部運動應該也會有些許效果。

接著談談美麗頸部該如何展現，特殊領口如墜領、荷葉領與心形領等，都十分吸睛，飾品也能發揮宏大功效，頸圈與短項鍊自然不在話下，設計款與長款垂吊式耳環也能間接吸引目光，各種圍繞在肩頸部的絲巾也是美頸必不可少的配件。

最後也是最重要的提醒，正確姿勢才是美的根源，挺立的頸子展現女性高貴氣質，絕不能讓頸子前傾，勾著頭部，打扮得再美都瞬間垮掉，切記，切忌。

頸短怎麼扮

- 領口加深加大
- 最適合大 V 領與 U 領
- 高領宜降低或薄款

頸長怎麼扮

- 領口縮小
- 避免 V 領
- 適合中式領與高領

美頸如何展現

- 頸圈、短項鍊
- 垂吊式耳環
- 絲巾
- 裝飾領形
- 單肩、露肩款

063 古今審美差很大——肩膀修飾

合適肩寬＝約三個臉寬

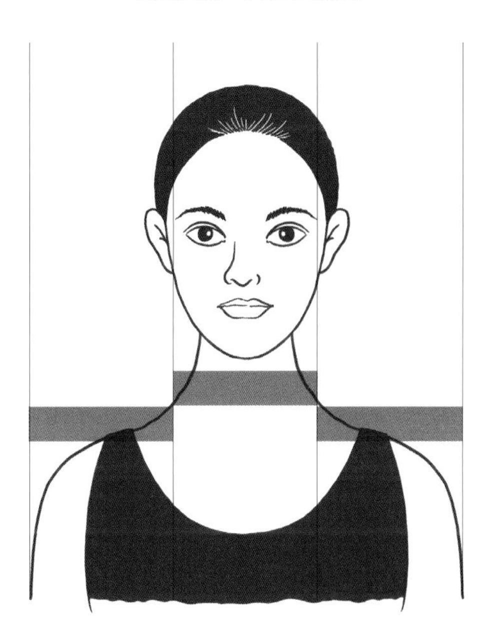

相較於恆久以細長為美的頸部，女性肩膀審美在近代發生很大的翻轉，在男女同場的演講中，問到什麼才算是美麗肩型，男士異口同聲回答窄肩才好看，但女性中約有一半以上認為寬肩更利於展現服裝，的確，肩膀審美改變了，不再以柔弱窄小的削肩為美，反而崇尚既寬且平的挺立肩型，認為這才是好衣架子。

至於何謂標準肩寬，其實並無一定尺寸，應參考身高與身體其他各部位而定，身高越高的人，肩膀應相對較寬，小個子適合較窄的肩膀，這已是一般常識，因此同樣肩寬，在高大的人身上可能屬於窄肩，但在嬌小的人身上可能變為寬肩。

其次影響肩寬的部位是相連的頸部與臉型，此處可參考一個小公式，合適肩寬約等於三個臉寬，但這個公式更適合西方人，東方人相對臉較寬，因此不太容易符合標準，簡單說東方人因為臉較寬，經常顯得肩較窄，方法除了透過服裝在肩膀下功夫，藉著髮型遮蓋部分臉頰也很重要。

影響肩寬的第三個部位是臀寬，臀較寬的梨形身材在此時比較吃虧，容易顯肩窄，因此需要在肩部略作加強。

解決窄肩與斜肩釜底抽薪的辦法便是墊，在不流行墊肩的時期，仍然可以找到薄款墊肩，效果相當自然。袖子最好選擇正常袖款，避免穿蝴蝶袖或斜肩袖。

肩寬怎麼扮

- 適合斜肩袖
- 避免一字領與大型領
- 避免墊肩

肩窄怎麼扮

- 使用墊肩
- 穿標準肩袖上衣
- 避免斜肩袖或蝴蝶袖

這樣的設計能增加肩寬

相反的，女性通常也不喜歡過寬或過平的肩型，此時應避免穿一字領與各種大型領如水手領、大翻領與荷葉領等。此外有人好奇繫領露肩款是否能大幅讓肩變窄，答案是「否」，因特殊肩型只適合肩型美麗的人，是吸引目光的利器。

相較之下，男性更在意肩型，西裝與外套都能藉著較厚較寬的墊肩修飾，休閒時從袖子到胸部有大橫條的 T 恤或線衫可以有效增加肩寬。

最後一個提醒，肩型需要良好姿勢來美化，時時將雙肩打開，開肩時雙手自然下垂，中指恰好在兩側褲縫或裙縫上，假使手在腿前方，表示肩膀內縮，有必要天天貼牆站，好好修正一番。

美肩如何展現

- 露肩禮服
- 單肩繫領特殊領形
- 配戴短項鍊

特殊肩型設計適合美麗的肩膀

064 一字訣「墊」——胸部修飾

胸部是女性非常在意的部位，主要由於媒體沒完沒了地搧風點火，拚命強調「胸器」的殺傷力，動輒搬出G罩杯來嚇唬我們，不久前還看見低俗當有趣的UU一辭，讓一般女性情何以堪。其實只要看看T台上的模特兒，幾乎都是平胸，胸部過分突出並不能替服裝加分，因此希望姊妹們不要太在意自己的胸圍，尤其有了胸罩，沒有解決不了的問題。

趁此機會談談胸罩，經過多年進化，最新一波流行是無鋼圈運動型內衣，說明女性對身體放鬆的追求，舒適健康勝過高聳集中，真是好消息。

胸圍較小的女性如果希望看起來凹凸有致，最適合襯墊加厚的魔術胸罩，苗條女生千萬不要花冤枉錢買調整型內衣，因為無肉可擠，肉肉女生也僅限於將胸部附近的肉納入罩杯，全年無休早晚都穿，背肉都能擠成胸肉，完全是誇張不實的廣告詞，千萬不要相信。

倒是穿胸罩的技巧也很重要，罩杯托住乳房，肩帶長度調整至胸罩前後平行，上半身前傾，手從另一邊罩杯前方伸入至腋下，將附近所有肉肉都納入罩杯，兩邊都這麼做，是穿胸罩的正確方式。

其實胸部很豐滿的女性在穿著上反而更需要注意，上衣款式力求簡單，避免任何裝飾，尤其不宜穿高腰上衣或洋裝。緊身上衣只能作為內搭，直接穿著顯得過分搶眼；內搭外罩深色不發亮薄針織開衫，可以將前襟切分為三份，對縮小胸部很有效果。最適合短項鍊，如想配戴長項鍊，建議Y字鍊。

由於胸部（乳房）主要是脂肪組織，以運動來提升功效有限，但仍然可以做一些靠手臂出力鍛鍊胸部肌肉的運動，可是切忌過度，以免將脂肪燃燒掉，越練越平就划不來了。

胸豐怎麼扮

- 避免穿緊身上衣
- 避免高腰上衣或洋裝
- 適合短項鍊
- 長項鍊須為Y字鍊
- 穿垂墜感開衫

065 另一字訣「遮」——腹部修飾

終於來到下半身的修飾，腰臀在前面曲線篇已經詳細討論過，此處主要探討腹部，腹部是人類隨年齡增長最需要長期抗戰的部位，且無論是蘋果或梨形身材，只要體重增加，腹部必隨之長胖。

萬一腹部已經變圓，服裝的修飾只有一個「遮」字，當然遮也有遮的藝術，持續展現搭配力與時尚感是必須的。

首先是利用上衣，上衣絕對不能納入裙腰或褲腰，必須放出來，略有支撐力的如棉麻梭織面料，只要體型側面胸部略高於腹部（無論如何必須做到），便能輕易將腹部蓋過，完全遮掩於無形。

其次是用外套或背心，單穿洋裝的歲月已逐漸遠去，外套或背心長度不需要太長，只要能蓋住腹部即可，薄款看起來更顯瘦。

第三招是昀老師的獨門絕技，用薄絲巾來遮，將長方形絲巾披在肩上，兩側垂下不等長，在中間胸部高度繫個小平結固定，就成為「吃到飽」造型，或大型方絲巾對折成三角形，也能做出類似造型；稱為「吃到飽 2」，不僅美觀，還能將腹部完全遮掩，成就「遮」的最高境界。

美奶奶將吃到飽造型發揮到極致

男士的腹部問題相對更嚴重，好在有背帶這個神器，捨皮帶就背帶，腹部再圓都能替褲腰找到最佳位置。

最後談到運動，好消息是這個身體的核心部位，完全可以靠著鍛鍊，取得極佳效果。提供昀老師的私房運動供姊妹們參考，第一式，L 型坐姿，坐在地上（可以一邊看電視或看書），背打直，雙腿併攏也打直，每天至少二十分鐘，能鍛鍊背部、腹部與大腿，看似簡單卻很有效果。第二式，扶著牆或大桌，輪流將一隻腿往後抬，每天至少二十下，這是鍛鍊臀部的最佳運動。第三式，曲腿仰臥起坐，為了保護背部，目前是躺在小型健腹機上做，中年人做運動一定要特別留意背與腰部的保護。藉著以上運動，維持下半身緊實度，才能穿出年輕感。

腹凸怎麼扮

- 上衣放出來
- 穿外套或背心
- 以薄絲巾遮掩

066 秀出修長——四肢修飾

最後終於來到四肢，四肢活動自如，很容易吸引目光，對身材整體美感影響很大，該如何修飾與展現，必須好好學習。

首先談談腿，修長美腿是所有女性心所嚮往，但未必能擁有，好在近年來時尚對裙款與褲款接受範圍極大，各種長寬造型任我們挑選。至於裙與褲的最佳長度，除了受年齡、身分與場合的規範之外，每一雙腿都有所謂的最佳露出點，在鏡前拿一條大方巾從腳底往上慢慢提高，便能看出幾個 Yes 與 No 的位置。

大腿細小腿也較細的人，天之嬌女，款式與長度幾乎沒有限制，其他人無法駕馭的迷你裙、煙管褲與七分五分褲，都能輕鬆穿出嬌俏感。大腿細但小腿較粗的人，適合長窄裙，如腿肚下方還算細，裙長蓋住腿肚即可，褲子可選擇小喇叭與中直筒，展現帥氣感。大腿較粗但小腿較細的人，仍有不少款式可選，如及膝裙與七分五分褲裙，盡顯小腿優勢，長褲適合中直筒與哈倫褲，將大腿部位稍加遮掩。

腿與適合的裙褲款

	大腿較細	大腿較粗
小腿較細	迷你裙 七分五分褲 煙管褲 款式長度無限制	及膝裙 七分五分褲裙 大直筒長褲 哈倫褲
小腿較粗	長窄裙 小喇叭長褲 中直筒長褲	長寬裙 闊腿長褲

最後大腿小腿都較粗的人，也不用擔心，長版寬裙穿起來特別浪漫，闊腿長褲也從不退流行，搭配高跟鞋，霸氣十足。

手臂問題多出現在中年女性，上臂很容易變粗，修飾方式仍即是一個遮字，五分袖遮得很徹底，無袖、短袖與包袖都應避免，七分袖可以使手臂顯得修長，很值得一試。手臂過細過長的人則須避免包袖與七分袖，包袖如果不夠緊，會顯得空蕩，手臂像竹竿，七分袖使得手細到有點營養不良的樣子，也並不十分悅目。

第五章

保養護理

067 整潔度展現精緻度——臉部皮膚保養

一個人的儀容整潔度（neatness）是彼此間的基本判斷標準，整潔度能顯示人的出身背景、家庭教養與自我要求標準，因此不分性別，人人都必須重視個人儀容修飾（personal grooming）。

首先談談臉部皮膚保養，有以下基礎三要件：一 . 清潔，二 . 保濕，三 . 防曬。

一．清潔

清潔分兩步驟，先卸妝再洗臉，只要白天擦了防曬乳，晚間就需要卸妝，建議使用以水沖洗的卸妝油，比以化妝棉擦拭的卸妝乳更為溫和，眼線較濃的還須使用棉花棒沾眼唇卸妝水擦拭才卸得徹底。洗臉用品有洗面乳與洗面皂兩種，前者較滋潤，後者更清爽，視個人習慣而定。熟齡人士若皮膚出油減少，上午以清水洗臉也無妨。

二．保濕

隨著年齡增長，保濕越來越重要，建議早晚洗臉之後，立刻擦上保濕精華，讓飽含水的角質層鎖水時間延長，假使皮膚已經乾透，必須先擦化妝水再擦保濕，才能發揮效果。無油保濕精華適合所有年齡層，熟齡人士在保濕後假使還覺得乾燥，可添加潤膚乳或潤膚霜，依個人膚質、居住地濕度與室內溫度而定，出國旅行時，必須隨之調整才行。

一般說來，每一個人的皮膚都是混合性，T 字帶較油，其他部位較乾，保養時分區處理才妥當。通常最容易乾燥的部位是在唇部與眼部，可額外補充眼霜或唇霜，或以眼霜作為唇霜也沒問題，重點不在保養品的名稱，而在滋潤度。頸部也需重點保養，將臉部保養品一直塗抹到頸部是昀老師多年來的保養密技，似乎功效不錯。

三．防曬

防曬應從小做起，成年後只要外出，甚至工作桌就在窗邊，都需要天天防曬，臉部防曬品滋潤度應視膚質而定，以免給皮膚增加負擔，東方女性一般以白為美，建議平日使用 SPF30 以上（化學防曬防止曬傷）， PA+++（物理防曬防止曬黑）的產品，男士假使希望保持自然健康膚色，可選擇無 PA 值的產品，如戶外活動時間長，SPF 值應達 50。

基礎保養三要件

清潔	保濕	防曬
－卸妝油	－化妝水	－防曬乳
－眼唇卸妝水	－保濕精華	－防曬噴霧
－洗面乳	－乳液面霜	
	－眼霜唇霜	

068 從頭美到腳——身體皮膚保養

除了臉部之外，身體皮膚也需要保養，昀老師有個好習慣，每晚沐浴後，將手臂與腿抹上身體乳液，上床前再替手腳也塗上潤膚霜；冬天氣候乾燥，或出國到寒帶旅行，室內有暖氣，還必須使用滋潤度更高的產品，身體乳不需要太昂貴，使用量足夠才有效果。

在全身皮膚當中，手是最常露出的部位，必須一直保持清潔美觀，除了睡前護理之外，白天建議塗上防曬產品，不喜黏膩的人，可以選擇防曬噴霧，清爽舒適，駕車時最好戴上長及肘關節的防曬手套。冬季隨身攜帶護手霜，洗手後補充一下，讓雙手時時保持滋潤。

指甲也是判斷人的重要指標，務必經常修剪並保持清潔，男性當然是修短，千萬不要將小指留著一截長指甲，給人一種怪異的印象。女性選擇較多，有人習慣剪短，保持潔淨滋潤，看起來樸素大方；也有人喜歡做適度修飾，將指甲留得略長，邊緣修剪成尖圓或方圓造型，塗上透明或裸色系指甲油，顯

身體護理三要件

四肢皮膚	手部	足部
－每晚身體乳	－每晚護手霜	－每晚護足霜
－隨季節改變	－時時補充	－每週浮石
－旅行須更換	－指甲修剪	－指甲修剪
	－（裸色指甲油）	－（裸色指甲油）

得氣質高雅；還有些人享受裝飾指甲的樂趣，指甲留得更長並做藝術造型，這類花式指甲比較適合演藝、娛樂、美業或創意行業，不太適合一般職場，因過長或過度裝飾的指甲工作不方便，幹練職業女性通常較少這麼做。最後一個提醒，指甲油必須隨時保持完整美觀，斑剝的指甲油比不擦還糟。

夏季女性有機會連腳也露在外面，因此必須做好足部護理，每晚睡前塗抹充足的滋潤霜，每週以浮石定期給足部去角質，這是基本保養。夏季也可以替腳趾甲擦上指甲油，可以根據服裝色系來選色，或者也和手指甲一樣，選擇簡單大方的裸色系，既百搭又較能抗斑剝。

069 臉部底妝——知性自然彩妝之一

女性化妝究竟是否會傷及膚質，這個話題爭論已久，經過昀老師四十幾年以身試妝的結果，證明全屬誤會，只要使用正規品牌，且每晚認真卸妝洗臉，保證完全無害。

為何在此特別強調知性與自然，一般生活中的彩妝越自然越好，若有似無，稱之為修飾型彩妝，展現的是知性美，特殊場合如晚宴或上鏡，才需要裝飾型彩妝，展現時尚潮流與個性美。在現今每一位女性都需要具備替自己完成自然彩妝的能力，最好從上大學就開始練習，熟能生巧，每天只需十分鐘，便能擁有神清氣爽的美好妝容，何樂而不為。

粉底

上妝前的基礎保養與防曬應先做足，然後便從臉部底妝開始，彩妝第一層是粉底，粉底形式非常多元，從最稀薄的氣墊粉底、粉底液、兩用粉餅到最濃稠的粉條，其他還有可兼做粉底功能的 BB 霜與 CC 霜，全看個人喜好與需求而定，原則上自然彩妝粉底不宜太濃厚，我個人偏好清爽型氣墊粉底，尤其隨著年齡漸長，粉底應格外自然，粉底越厚皺紋越明顯，效果適得其反。

替臉部打底

粉底
－與自身膚色越近越好
－與頸部膚色相同
－選擇自己喜歡的形式
－避免塗太厚

遮瑕
－眼下用滋潤型產品
－其他部位可濃厚點
－用手指按壓

定妝粉
－用大刷子上鬆粉
－外出用粉餅
－油性皮膚用兩用粉餅
－乾性中性用透明粉餅

粉底色彩必須與自身膚色相近，建議在臉頰部位測試，色彩應與頸部膚色相同，千萬不要擦太白或太紅潤，因粉底只塗到下頷骨附近，若顏色與頸子不同，看起來像是戴面具，極不自然。
在粉底之後，有需要的人接著可以遮瑕，黑眼圈最好使用滋潤性強的遮瑕乳，以免強調眼下皺紋，斑則需要遮蓋力較強的蓋斑膏，以按壓方式處理，效能較佳。

粉

最後一步便是上粉，上粉又稱為定妝，主要是讓皮膚看起來粉嫩無瑕零油光，在家可以使用散粉或稱鬆粉，以大粉刷或粉撲均勻塗滿臉部，外出必須準備攜帶型粉餅補妝，油性皮膚較易脫妝，建議選擇搭配海綿粉撲的兩用粉餅，可以將脫落的粉底一併補上，中性或乾性膚質不易脫妝，可選擇絨質粉撲的透明蜜粉餅，補起來更為清透自然。

最後，為油性膚質女性提供一則好消息，現在有一種定妝噴霧，底妝完成後均勻噴上薄薄一層，可以防止脫妝，不妨一試。

070 眉目之間——知性自然彩妝之二

眉妝

底妝完成後，開始對五官進行修飾，首先是作為整體外輪廓的眉毛，眉毛在眉心與近眼皮處經常有些雜毛，可以練習用小夾子拔除；完全零經驗的人，建議先請美容師修，手巧的人以後再照著做，但一定要提醒美容師避免將眉毛修得太細，因為過細過彎的眉毛顯得不夠個性，不符合現代審美。

修好的眉毛，如果有些不足之處，比如中間有些間隙斷裂或眉尾不夠長等，可以用深褐灰的眉粉補上，眉尾適合用眉筆來加強。

至於整體眉毛過淡，有些人索性選擇繡眉，從最早期的紋眉到現在所謂的半永久或霧眉，都是在眉毛部位刺青，須慎選技術精良的技師，才不會造成損傷，膽子小的人則須勤練畫眉技巧，工具包括扁平的眉筆、新型四線眉筆或以眉刷蘸取眉粉，端看個人習慣，待熟能生巧後，天天畫眉也不成問題。

眼妝

眼部修飾對東方人而言特別重要，請備妥大地色眼妝產品，其他色彩盡量少用，標準配備為一支灰褐色眼線筆，主要用來畫下眼線，彌補下眼睫毛稀疏的問題（下眼睫毛濃密的人可省

眉與眼妝

眉型修飾

- 修去雜毛
- 以眉粉眉筆補強
- 如眉很淡可做霧眉
- 眉色與髮色接近

眼部化妝

- 三色眼影
- 霧棕整個眼眶打底
- 淺色眉骨下方
- 深灰眼皮邊緣與眼尾
- 下眼線畫睫毛根外側
- 睫毛夾翹後再上睫毛膏

略），正確位置在下睫毛根部外一公釐處，讓眼睛輪廓明確，顯得更大更亮；其次是咖啡色眼影，眼皮較浮腫的人應選擇霧面質地，均勻地從眼皮邊緣往眉毛處漸漸暈染開，整個眼窩都可以塗上。

以上是基本款，如果要再加強，可以增加上眼線，淺與深共三色眼影，以及睫毛膏。上眼線也是沿著眼皮邊緣描繪，眼線筆較眼線液來得自然些，上班族的自然彩妝以眼線筆為佳。
三色眼影是在原有的咖啡底色上做添加，選擇一個淺色眼影塗在眉骨下方，可以凸顯眼窩的立體感，再找一個深灰色眼影塗在眼尾處做加強，能讓眼睛顯得更有神。
睫毛修飾必須先以睫毛夾將睫毛夾翹，再塗上睫毛膏，現在有各種加長型睫毛膏，塗起來效果相當好，但萬一睫毛短到連夾都夾不起來，就必須仰賴接睫毛或戴假睫毛了。

071 唇頰添彩——知性自然彩妝之三

終於到了替臉部增添色彩的時候，兩頰與嘴唇這兩個部位都會用到紅，建議先完成個人色彩診斷，才能選出屬於自己的最佳紅色。

口紅

假使只能選擇一樣彩妝，大多數女性都會選擇口紅，天生不若男性氣色來得紅潤，女性多半需要仰賴口紅來增添好氣色。口紅首重選色，暖色包括橘紅、粉橘、磚紅與古銅色等，冷色包括粉紅、桃紅、紫紅與酒紅等，介於中間的色彩包括正紅與豆沙色，如果還不清楚自己的膚色，建議先選擇柔和的豆沙色，這個萬用色人人都適合，且幾乎與任何服裝都能搭配。正紅口紅雖然也屬於中間色，但由於純度太高，只適合鮮豔型的人，且搭配完整彩妝，服裝也必須較鮮豔或高對比才和諧。

腮紅與口紅色彩

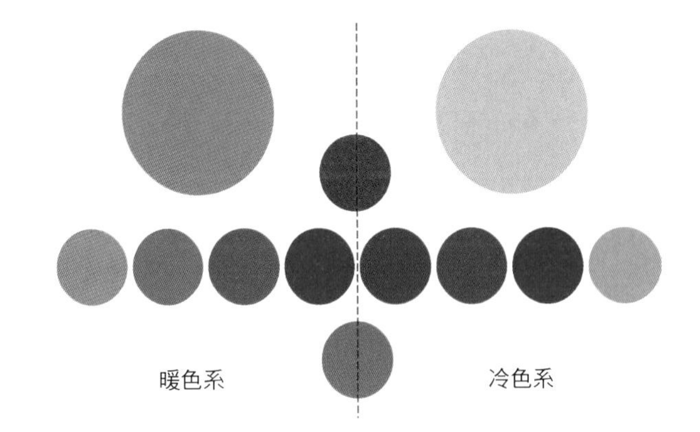

口紅與修容

口紅
－口紅顏色與膚色協調
－年輕人口紅質地均可
－年長者口紅需滋潤
－可用唇線筆描繪

腮紅
－顏色與膚色協調
－用大刷畫在笑肌部位
－邊緣需模糊暈開

修容
－T字部位用亮色打光
－兩頰外側下巴用深色
－製造陰影
－只適合宴會或攝影

除了色彩，口紅滋潤度與光澤度也很重要，年輕人可選擇油質成分較重的唇彩或唇蜜，淡淡抹上一層，散發青春氣息；熟齡女性因唇紋較深，最好先以唇線筆描繪嘴唇輪廓，再選擇微微發亮且滋潤度高的乳霜狀（creamy）口紅，粉霧（matte）質感太乾，較易凸顯唇紋，適合較年輕的族群。

腮紅

有些人天生臉色紅潤，連腮紅都可以省略，但假使臉色不十分健康，例如金棕色或橄欖色皮膚，腮紅必不可少；色彩的選擇應與口紅同色系，暖色皮膚使用粉橘色，冷色皮膚使用粉紅色。在俗稱的笑肌（笑的時候臉頰兩側凸起的部位）上以大刷輕輕掃過，下手避免太重，邊緣力求柔和暈染。

在此順便談談修容，也就是修飾臉型並表現立體感，有些人以腮紅來修容，但效果畢竟有限，真正的修容產品是深淺不同的膚色修容粉，淺色塗在T字部位，深色塗在鼻樑、臉頰與下巴外側或下方，效果立即展現；但切記日常妝千萬避免，只有在晚宴柔和燈光與攝影棚強光下，這些深淺不一的部位看起來才能像光影般自然。

072 不理不可的身體毛髮處理

女性毛髮

關於身體毛髮，女性應處理的首推腿毛，腿毛較粗較長的人建議在夏季定期使用除毛蠟，否則看起來相當不雅。手毛一般人比較不在意，如果還是想處理，建議用漂淡的方式即可。

夏季如果穿無袖或短袖上衣，必須去除腋毛，最方便的處理方式是用女性刮毛刀，先塗上滋潤的除毛泡沫，輕輕一刮就完成，完全不痛不癢，夏季最好養成經常處理的習慣。此外還有少數人有上唇邊汗毛過重的問題，可以用小的除毛蠟片，或以眉毛夾拔除，這部位皮膚較敏感，會有點疼痛，但千萬不能用刮除的方式，以免越長越粗。

男性毛髮

男性除了頭髮之外，鬍鬚是最重要的毛髮，不蓄鬚的人必須天天刮鬍，臉上帶著鬍渣出門，給人極為邋遢的印象。一般年輕人剛進入職場，千萬不要想著留鬍鬚，無論哪一種造型都不合適，只有從事創意工作或中壯年人士，有一定社會地位，才比較適合；鬍鬚造型的選擇與自身鬍子條件以及臉型與工作性質都有關，必須精心設計，且維持鬍子整潔有型並非易事，需要經常修剪。

鼻毛也是一項需要處理的細節，有專門修剪鼻毛的剪子可買著備用，年紀越大，越容易因過長而外露，必須時時留意。近年來年輕男性也開始講究修眉，其實在演藝界或歐美運動明星已經行之有年，這股風氣越來越普及，但在特別保守的職場，建議年輕人不要太明顯修眉，以免引人側目。

最後談到腋毛處理，原本男性完全不講究，近年來年輕人已學會刮除腋毛，一開始是運動員為散熱功能而做，漸漸大家感覺如此更衛生更文雅，於是加入的男士越來越多，幾乎快要蔚為風氣了。

身體毛髮處理

女性	男性
夏季用脫毛蠟去除腿毛	鼻毛須剪短
手臂毛髮可染淡	近來也有人除去腋毛
腋毛可用剃刀刮除	鬍鬚天天刮乾淨
唇上汗毛可拔除	如蓄鬚須常修剪

073 美麗來自秀髮——女性髮型

「髮型是女人最重要的配件」這是卡拉・馬席絲（Carla Mathis）老師對髮型所下的註腳，說得真好；髮型為臉孔鑲框，是完成整體造型最後的神來一筆，重點是頭髮天天生長，意味著髮型不斷變化，卻也無法永久維持，真是讓人愛恨交加。

女性對頭髮的重視始於髮質，髮質差再厲害的髮型都救不了，而髮質保養又與髮型息息相關，燙、染、漂與吹都對髮質有一定程度傷害，且已經受損的頭髮很難回春，只能剪掉重長，因此選擇較能保護髮質的髮型十分重要。大致說來，短髮更利於髮質，老舊部分不斷剪除，留住的都是新長的，相較之下，長髮尤其是捲髮最需要精心護髮，喜歡染髮的朋友也應避免重複漂與染，必須讓頭髮有機會休養生息才行。

至於髮型，前面已經討論過頭身比修飾，在此先談談如何以髮型修飾臉型，頭髮靠近臉的部分，包括髮際、分線、瀏海與側面鬢角都與臉型修飾有關；一般說來，想要修飾臉型，建議採取不對稱髮型，包括側分、斜瀏海、兩側不等長或一側蓋耳一側耳後等，對於臉型的修飾非常有效，因此僅有少數臉型完美的人適合中分或將全部頭髮向後梳光，一般人在額頭與耳邊臉頰或多或少都需要頭髮的修飾，臉部線條才顯得柔合，而看起來也顯臉小。

具體的修飾方法如下：圓臉方臉都適用不對稱髮型，在視覺上可打破原有形狀，臉太寬以兩側頭髮遮住，臉太窄可採露耳造型，臉太短必須側分露出額頭髮際線，臉太長額頭必須有較多瀏海。

除了臉型，髮型還具有修飾頭型的功能，老一輩女性以扁頭為美，常將寶寶頭睡扁，現在按國際審美標準，更欣賞圓頭，因此扁頭必須以較蓬鬆的髮型來修飾，燙髮成為最佳解方。至於有關頭髮的更細節如髮質、髮流、髮量與髮旋等變數，則需要尋求髮型師的專業意見，才能找出最適合自己的髮型。

最後也是最重要的是關於髮型與裝扮風格之間的關聯，在此介紹三組風格關鍵詞，女性朋友除了之前的八型心理風格之外，也可以參考這個表格，便能快速找到適合的髮型特徵。

風格屬性 1	**女性**	**中性**
髮型特徵	長髮，捲髮	短髮，直髮
風格屬性 2	**經典**	**藝術**
髮型特徵	整齊，長度適中，捲度適中	蓬亂、極長或極短，極捲
風格屬性 3	**低調**	**張揚**
髮型特徵	對稱，髮色自然，線條柔和	不對稱，髮色特別，線條銳利

074 帥氣從頭開始——男士髮型

頭髮對男性形象的影響至為關鍵，整齊清潔是第一要務，必須天天洗頭，確保整潔度，至於髮型，是儀表的決定性因素，必須找出一款適合自己身分、風格與外型的最佳髮型，並經由可信賴的專業髮型師定期維護。

男性髮型曾經歷過短暫的長髮流行期，但近二十年來一直是短髮當道，這對男士而言是個好消息，短髮容易打理，唯一該注意的是必須經常修剪，至少一個月一次，講究的人甚至每週一次，確保維持最佳狀態。少數留長髮的男性多半是藝術工作者，除了散髮，還可以梳馬尾或丸子頭。

油頭是現今男士很流行的一種復古髮型，最大特色是頂部頭髮大多梳理得整齊光滑，大半是側分或全向後梳，側面與後面多搭配削邊（Undercut），以電剪剃出所要的長度，主要分為全削與漸層兩款，前者顯得更酷，後者適用性更廣，也更方便調整頭型與臉型，還有更前衛的雕花款，僅適合街頭或藝術風格。

蓬鬆款髮型

男士四型風格與髮型

	典雅型	柔和型	自然型	個性型
長度	適中	適中	較短	極短或極長
捲度	直	微捲	直	直或很捲
側面	漸層	漸層	較短	側削極端明顯
分線	側分	側分或中分	側分或無分	全向後，側分或中分

與油頭不同的是蓬鬆款髮型，頭頂部位可長可短，可直可捲，分線有三種，大多數人選擇側分，不對稱髮線可以有斜劉海，較能修飾臉型；第二種是全部向後梳，比較適合髮際線優美的人，且臉型不宜過長或過寬；第三種是較少見的中分，對臉型要求較高，審美偏向中性風格。蓬鬆髮型側面多半不推高，採取打薄，形成略低於髮際線長度的自然短髮造型，假使略推，也不會推得很短。

大多數男士髮型需要仰賴合適的造型產品來維護，如髮油、髮蠟、髮膠、慕斯與定型液等，視髮型需求與個人喜好選擇，至於該如何吹整與抓梳，很需要技巧，在理髮師指導下，男士們應具備整理自己髮型的能力，才能天天帥帥出門。

最後附上男士四型風格適合的髮型供男士們參考。

復古油頭髮型

075 實用嗅覺管理

在人的五感中以嗅覺最為神祕，很多人忽略了嗅覺印象在人際關係中的重要性。根據科學研究，人類的嗅覺比起很多動物雖然不算敏感，但嗅覺印象卻相當深刻，可以帶出各種記憶與聯想，人與人之間的好感度甚至異性間的吸引力，都與嗅覺息息相關，只要是氣味不投，完全無法更進一步。

嗅覺管理分為兩步驟，第一步是嗅覺修飾，第二步是嗅覺美化，也就是首先要消除不良氣味，然後才能用香味來強化嗅覺美感。

嗅覺修飾

談到嗅覺修飾，要先分析人有可能產生不良氣味的地方，主要有以下四處，頭髮、足部、口腔與腋下，這些部位造成的問題輕重不一，頭髮最容易解決，勤於洗頭，避免涉足煙薰火燎的場所，大概就沒有問題。

足部是第二個問題點，容易出汗的人比較麻煩，尤其東方人進入室內有脫鞋的習慣，建議穿著除臭襪與鞋墊，必要時先換上乾淨襪子再出席，便能減輕困擾。

解決口腔氣味比較複雜，經常保持口腔與牙齒衛生是首要條件，但假使因其他健康問題造成口氣不佳，就不是馬上可以解決的，只能在必要的時候多吃口香含片或使用噴劑。此外還有吃過蔥蒜韭菜後造成的氣味，必須在用餐時多加注意，白天盡量避免，萬一發生，可以喝牛奶或含茶葉緊急去味，超涼薄荷口香糖也挺有效果。

最後也是最麻煩的是腋下氣味，幸運的是黃種人一般體味較輕，但萬一有此問題，也必須正視，情況較輕的多用殺菌制汗劑塗抹，或除去毛髮減輕出汗高濕環境，情況較重的必須考慮經由手術根治，目前的醫學科技發達，手術多用雷射進行，安全性很高。

此外，還有一個原來不該存在的問題就是身體氣味（皮脂堆積發酵），如果衛生習慣良好，人本來不應有任何令人不悅的氣味，但在某些地區尤其是寒帶，仍存在這樣的問題，只能建議大家勤於沐浴，勤於更換並清洗衣物，如此便可完全避免。

嗅覺修飾四步驟

頭髮
－勤洗頭
－避免香菸烤肉

足部
－勤換襪
－除味襪
－去味鞋墊

口腔
－口腔保健
－少吃蔥蒜
－口香糖噴霧

腋下
－使用制汗劑
－除去毛髮
－雷射治療

076 嗅覺美化再進階

我的香水之路始於二十五歲，結婚週年紀念禮物竟是兩人意見相左下的兩瓶香水，YSL 經典香水 Opium 的刺激東方調立即擄獲男人心，Oscar de la Renta 花朵香水 Oscar 帶有花香調前味，更能滿足年輕女性的自我認知，新婚才一年，在美國香水專櫃銷售人員鼓吹下，自是兩瓶一起帶回家。

後來 Opium 果然極少用，Oscar 仍嫌太甜，還剩大半瓶；三十四歲入行成為形象顧問，歷經了搜集各式香水作為課堂示範，也憑感覺有一天一香的過渡時期；年紀再長，決定讓固定香味成為形象識別系統之一，多年來傾心於高雅的三宅「一生之水」，這幾年心情似乎更年輕，鍾愛起 Anna Sui 的小清新「許願精靈」。

回顧自己的用香經驗，證明一件事，對香水的感受全憑個人喜好，但喜好與個性有關，替朋友或顧客挑選香水，可以從裝扮風格推測，準確度八九不離十。

選香有三步驟，視覺、試聞與試擦，視覺檢測從色彩開始，綠、藍、白香味偏中性，清新舒爽，黃與橙常帶有果香，甜美有活力，粉紅與粉紫多半是花香調，柔美浪漫，至於玫瑰紅、正紅、紫、黑與金必定濃郁性感。

除了色彩，瓶身造型與名字也傳遞豐富訊息，例如蝴蝶結或花朵造型氣味必然特別女性化，寶石或皇冠造型肯定華麗馥郁，幾何或摩天大樓造型應該是既個性又都會感等等。

接著進入試聞，視覺篩選的重要性在此充分體現，因嗅覺極易疲勞，聞太多必定失靈，建議每次最多六瓶，試聞時將篩選過的香水，噴在試香紙上，分別聞過，選出最喜歡的兩種。

此時才開始試擦，將兩種香水分別噴在兩邊手腕內側，當下的氣味是前味，是取悅自己的關鍵，必須絕對帶來驚喜，五至十分鐘後是中味，愉悅感須緊緊跟隨，二十分鐘後便是後味，這是持續最久也是他人聞到的主要香味，因此至為關鍵，必須與個人形象合一，才是你的真命天香。

最後談到香水禮儀，首先是節制用量，建議將大瓶分裝至小瓶，昀老師個人習慣以小噴頭噴兩下在後頸髮際間，再以手腕去沾取，如此足矣，滿室生香絕對是嗅覺侵略。其次是某些場合避免用香，如出席茶會或品酒品咖啡活動，擔任餐飲服務；此外參加面試因不清楚主考官好惡，為求保險還是不擦為宜。

選香水三步驟

視覺
－色彩
－瓶身造型
－名字

試聞
－最多 6 款
－使用試香紙

試擦
－選 2 款
－噴手腕內側
－前味中味後味

服裝

服儀管理

PART

3

第六章

女性服裝配飾

077 珍愛自己——認識內搭

在衣櫥中所占面積最小，穿在身上露出面積也小，在百貨公司商品架上陳列的數量也少，但是在女性服裝搭配中卻是不可或缺的重要元素，且與我們天天肌膚相親，這就是內搭。所謂內搭，和傳統內衣不同，雖然都是貼身穿著，外罩其他服裝，但內搭是要露出來的，必須兼具內衣的舒適性，以及外衣的美觀與搭配性，千萬不要小看內搭，通常這是女性生活精緻程度的指標。

內搭不分季節最常使用真絲、純棉與莫代爾（再生纖維），穿起來最為親膚，麻料較為鬆爽，不十分細膩，適合春夏秋三季，看起來輕鬆灑脫，冬季為了保暖也可選擇羊絨，但價格不斐。昀老師個人鍾情於三宅一生的細褶紋直筒基本款內搭（mist），合身而不貼身，對腰腹部稍肉肉的女生挺友善，但滌綸（聚酯纖維，polyester）面料不吸汗，怕熱的人夏季戶外穿著絕對是災難。

內搭形式最主要的是吊帶與背心，其他包括短袖與長袖，短版與長版，合身與鬆身，種類繁多，建議按照身材與服裝搭配需求來選擇。吊帶與背心最大優點在於涼快，多半在夏天穿著，外面添加外套，但假使出汗較多的體質，建議改穿短袖，尤其搭配西裝或真絲開衫，腋下多一層布料幫助吸汗，減少尷尬且有助於外套壽命的延長。短袖內搭的袖子越貼身越好，才不會在外套袖子上留下一圈痕跡。長袖內搭純粹保暖用的適合緊身袖，如搭配背心，袖圍視手臂粗細而定，合身而非緊身更能修飾手臂。

就寬度而言，緊身款適合穿在扣起來的西裝裡面，僅露出Ｖ區，須注意領口不宜太低；略有餘裕的合身或鬆身款，適合搭配開衫，領緣至下襬全部露出，有點鬆分才能修飾身材；特別提醒，搭配半透明外罩時，以為看不見內搭，但在光線下，其實身形畢露，最好選擇微鬆的款型。
就長度而言，大多是短款，長內搭是為了多層次效果而存在，近年來由於時尚趨勢，長內搭成了爆款，要注意必須要夠寬，才不至於過分包臀，還有些在下襬做出不規則或撕裂等變化設計，是個性風女性的最愛。

最後建議盡量選購無裝飾基本款內搭，才更能百搭，像是邊緣有蕾絲或鑲珠與亮片的款式，搭配商務裝顯得過於花俏，但本身有花紋的內搭，可以搭配多種色彩的素色外衣，倒是不妨購入幾件。

關於內搭

面料
－棉、絲、再生纖維
－滌綸較不透氣
－羊絨親膚保暖、價高

款式
－基本款百搭
－蕾絲亮片職場不宜
－花紋款也好搭配

袖子
－無袖涼快
－短袖袖子需合身
－保暖長袖需緊身
－露出袖子需有鬆分

長度
－一般為短款
－長款避免過包臀

寬度
－緊身適合Ｖ區
－合身鬆身適合開衫
－半透外罩宜有鬆分

078 男T恤 vs. 女T恤

上高中後完全進入服裝自主狀態，當時小女生的最愛就是牛仔褲加 T 恤，從小就是個吃不胖的瘦子，長著一雙細長竹竿腿，這樣的裝扮真是再適合不過，從此愛上 T 恤，一生不悔。T 恤是每個人或多或少都有的服裝單品，穿起來輕鬆舒適，但隨著時尚腳步，T 恤款式開始產生許多變化，讓我們一起來學學。

T 恤主要是棉質針織面料，或厚或薄，也有加入滌倫、氨倫（彈性面料）或絲麻毛的混紡。純棉吸汗舒適，加入氨倫的彈性好，復原力佳，不容易變形鬆垮，深得我心。加入滌倫主要為了防縮，在國外洗衣大多使用烘乾機，純棉縮得很厲害，因此大半都是滌棉各半，滌棉面料還能讓 T 恤更不容易變形，只是手感較硬，穿起舒適感略降。棉麻混紡是昀老師特別喜歡的面料，有了麻多了幾分紋理感，但有人嫌麻粗糙，不如純棉來得親膚；至於棉絲混紡光澤感佳，且更柔軟舒適，而棉毛混紡主要是為了保暖。此外滑順垂墜的再生纖維 rayon 或 viscose，也有用來製成 T 恤，穿起來既顯瘦又舒適，但少了 T 恤該有的粗曠與自然韻味，只能算是淑女版偽 T。

T 恤基本款型大致可分為兩種，詳述如下：

男款 T

這是 T 恤的原型，小圓領，直筒版形，略微鬆身，長度到臀部附近。最早是男裝，從七、八〇年代開始，兩性服裝界線漸漸模糊後，女性便開始穿著。最適合搭配休閒褲，尤其是牛仔褲，一派瀟灑自在，有時女性會買男裝小號 T 恤，與男友一起穿著情人裝。我從年輕就喜歡這種 T 恤，特別是在出國旅遊時，一定買一兩件富當地特色的男版 T 作紀念；它的缺點是不夠時尚，外面只能添加寬鬆外套或罩衫，比較缺乏混搭功能，加上領口小，無法玩性感，算是純粹休閒裝。

女款 T

這是男款 T 改良版，領口多半較大，除圓領之外還有 V 領等變化款，長度縮短也較為修身，有些還做了收腰。相較之下，女款 T 搭配性更強，下半身可配裙子或寬版褲，外面還能添加背心、針織開衫或休閒西裝，但在正式職場還太過休閒，除非前述的再生纖維淑女版偽 T，面料才夠細緻。

T 恤基本款

男款 T
- 小圓領、直腰身
- 時尚感較弱
- 純屬休閒

女款 T
- 領口多元、略有腰身
- 可搭配裙與寬版褲
- 職場穿著仍太休閒
- 淑女偽 T 職場可穿

079 女裝T恤變化款

T 恤經過長時間不斷演化，隨著潮流推移，產生許多變化款，可以根據個人風格與搭配需求選擇，詳述如下：

帽T

這是昀老師的最愛，T 恤加上帽子，瞬間可愛感與輕鬆感爆棚，是一種完全的休閒裝，幾乎不可能出現在商務場合，帽 T 有一個搭配優勢，當添加外套或背心時，帽子總是露出，可以強化色彩整合效果，顯得格外有型。

長窄T

長窄 T 是女款 T 的加長版，多半蓋住臀部甚至到大腿附近，必須夠苗條或臀型較窄（蘋果型）穿起來才好看，最適合用來做多層次混搭，外面加上較短的馬甲或罩衫，還可以與另一件較短的 T 恤疊穿，露出下襬來配色是它的穿著重點。

長寬T

長寬 T 看似對身材沒有什麼要求，但根據經驗，較豐滿的人必須選擇較垂墜的面料，且肩袖部位仍須有明確剪裁。肩形寬挺的人最適合，穿起來比較有型。這個款式較適合搭配窄管褲，但瘦高身材則較無限制。最後一個提醒，搭配又緊又薄的內搭褲，T 恤必須夠長，至少蓋住大腿較粗處，才不會引發尷尬。

變化 T

T 恤早已走上時尚舞臺，因此不免有各式各樣的變化款，但嚴格說起來這些上衣已經很難稱得上 T 恤，我認為起碼必須具備正統 T 恤形式，棉質無領，才能納入 T 恤家族。變化 T 因本身已充分具備裝飾性，必須搭配簡單的下裝，才不會顯得過於複雜。

裙 T

不能不提到近年來十分流行的裙 T，這是 T 恤極度加長後的面貌，非常適合夏季，實質上就是一件簡單款的棉質連衣裙，由於棉針織面料的質感，整體來看仍是偏向休閒風。裙 T 有個小缺點，穿著時間稍長很容易變形，主要在裙子部位，因坐姿而受到拉扯，起立時臀部會有些鼓起，建議在坐下時略為調整，放鬆臀圍附近的布料，便能減輕困擾。

變化款 T 恤

帽 T
－可愛休閒風
－色彩整合效果佳

長窄 T
－適合蘋果型
－適合多層次搭配

長寬 T
－曲線較無限制
－豐滿適合垂墜面料
－搭配緊身褲需蓋臀

變化 T
－非經典 T
－搭配簡單下裝

裙 T
－棉質洋裝
－坐下留意臀部布料放鬆

080 日日不離身——女性單件上衣

有一款幾乎每位女性日日不離身的單品，既不是內搭也非 T 恤，而是各式各樣的上衣，由於種類繁多，在此先做分類，按形式分為以下三大類。

一、女性襯衫

也就是標準的商務女襯衣（blouse），特點是前襟開扣，大多有領子，商務款與男裝十分類似，下半身搭配窄裙、A 字裙或長褲，上半身可以添加西裝、背心或針織開衫；當然也有較女性化的設計，胸前有荷葉或蝴蝶結裝飾，在講求親和力的職場很受歡迎。這類襯衫多半是棉質、絲質或滌綸，採取合身剪裁，搭配裙子時最好將下襬納入裙腰，搭配長褲則可視情況放出來。

二、針織衫

此處的針織衫是指以圓編（warp knit）方式製成，較易抽散的面料，從套頭到開襟都有。按厚薄與功能又可分為兩大類，厚款是禦寒用，材質主要是羊毛，其他包括棉、麻與人造纖維，厚到一定程度容易顯胖，須慎選；薄款原料從絲、棉、麻、再生纖維到羊絨都有，穿著季節涵蓋四季，常見圓領或 V 領，款式簡單大方，也很適合職場，比棉 T 顯得正式，合身款適合當作內搭，較寬鬆的版型適合單穿。

針織衫可以做成內外成套設計，稱為兩件式針織套裝（Twin Set），裡衫是無袖或短袖，外套是七分袖或長袖，小時候便見過媽媽穿，到現在仍然不退流行，算是一種歷久彌新的經典款，穿起來溫婉優雅，既能展現親和力，也有一定正式度，是重要的女性職場服裝。至於針織開衫搭配功能強大，另有專文講述。

三、套頭上衣

想了很久，只有這個名詞涵蓋性夠廣，所有平織面料（與針織相對，指以經緯線紡織而成的材質），無扣、少扣或變化扣上衣都算在內，相信各位與昀老師一樣，有許多寬窄長短厚薄不一的套頭上衣，尤其炎炎夏日，只有穿單衣的容忍度，這類服裝就更顯重要。由於非棉 T 材質，正式度稍高一點，出席社交場合甚至輕鬆職場都十分合宜；且設計風格各異，從可愛、浪漫、酷帥、典雅到新中式都有，按個人風格與場合選擇即可。

女性單件上衣

女性襯衣
－中性風適合商務
－女性風展現親和力
－搭裙裝納入裙腰
－搭褲裝可放出

針織衫
－太厚易顯胖
－薄款適合商務
－兩件套溫婉優雅

套頭上衣
－比棉 T 正式度高
－適合社交與輕職場
－按個性與場合選擇

081 從小黑裙談起——洋裝六款

每每聽人談起女性衣櫥必備單品，少不了一件所謂小黑裙，小黑裙（little black dress）顧名思義，就是黑色小洋裝；小黑裙之所以特殊且必要，原因來自它能從商務到社交，室內到室外，日間到夜間，打破時空限制，遊走在女性生活四大場域之間，包括商務、休閒、日間社交與夜間社交，而關於小黑裙的祕密將在文中揭曉。

洋裝或稱連衣裙，是女性專屬的重要服裝，優點在於方便，無須搭配也能直接上場；缺點恰恰與優點共生，上下裝連成一氣，僅能再添加外套，作為一種單品，搭配性自然較弱。

緊身款

以彈性面料製作，完全貼身，有一定性感程度，適合身材姣好的女性在社交場合穿著，若添加長背心或長開衫，則可出席更多場合。

窄裙款

正是標準的小黑裙款型，搭配性最強，穿上西裝便是職場菁英，脫去西裝添加項鍊與披肩，搖身成為社交名媛，再更換閃亮小皮包與高跟鞋，出席晚宴也絕不遜色。

寬裙款

梨型身材女性的最愛，裙襬越寬女性化程度越高，正式度也越高，A 字裙型適合較輕鬆的商務與休閒場合，小蓬裙適合日間社交，大蓬裙適合夜間社交。

寬鬆款（包括直筒、A 型與繭型）

蘋果型身材女性的最愛，穿起來最為舒適，休閒為主，但隨設計變化，也能遊走於各種場合。

有領款（襯衫領或軟質小西裝領）

添加領子的洋裝，商務感驟升，面料越硬挺，袖子越長，在職場上越顯正式。

圍裹款

垂軟面料在前襟交叉圍裹，是極為女性化的款式，對身材有基本要求，較適合社交場合。

最後兩點提醒，洋裝搭配外套時應注意領部線條的和諧，最忌雙重領型打架，如 V 領洋裝添加小圓領外套；其次，並非所有無袖洋裝都能當作背心裙，只有較厚硬挺的春秋冬款才能與內搭一起穿。

四種洋裝（連衣裙）特性

	商務	休閒	社交（日間）	社交（夜間）
風格	簡單大方	輕鬆舒適	時尚個性	華麗性感
色彩	中性色為主	大地色淺柔色	自我色流行色	黑白或鮮艷色
線條	偏直線	直曲皆可	直曲皆可	偏曲線
形狀	柔和沙漏形	長方形、繭形	柔和 X 形	極端沙漏形 極端 X 形
質料	偏硬挺	偏柔軟	質感佳 微亮微彈	彈性半透明 閃亮
花紋	素色為主	小花、格紋、條紋	時尚圖紋 藝術圖紋	素色、大花 動物圖紋
長度	及膝	膝上至腳踝	膝上至腳踝	極長、極短
精緻度	高	中至低	中至高	極高

主要款式

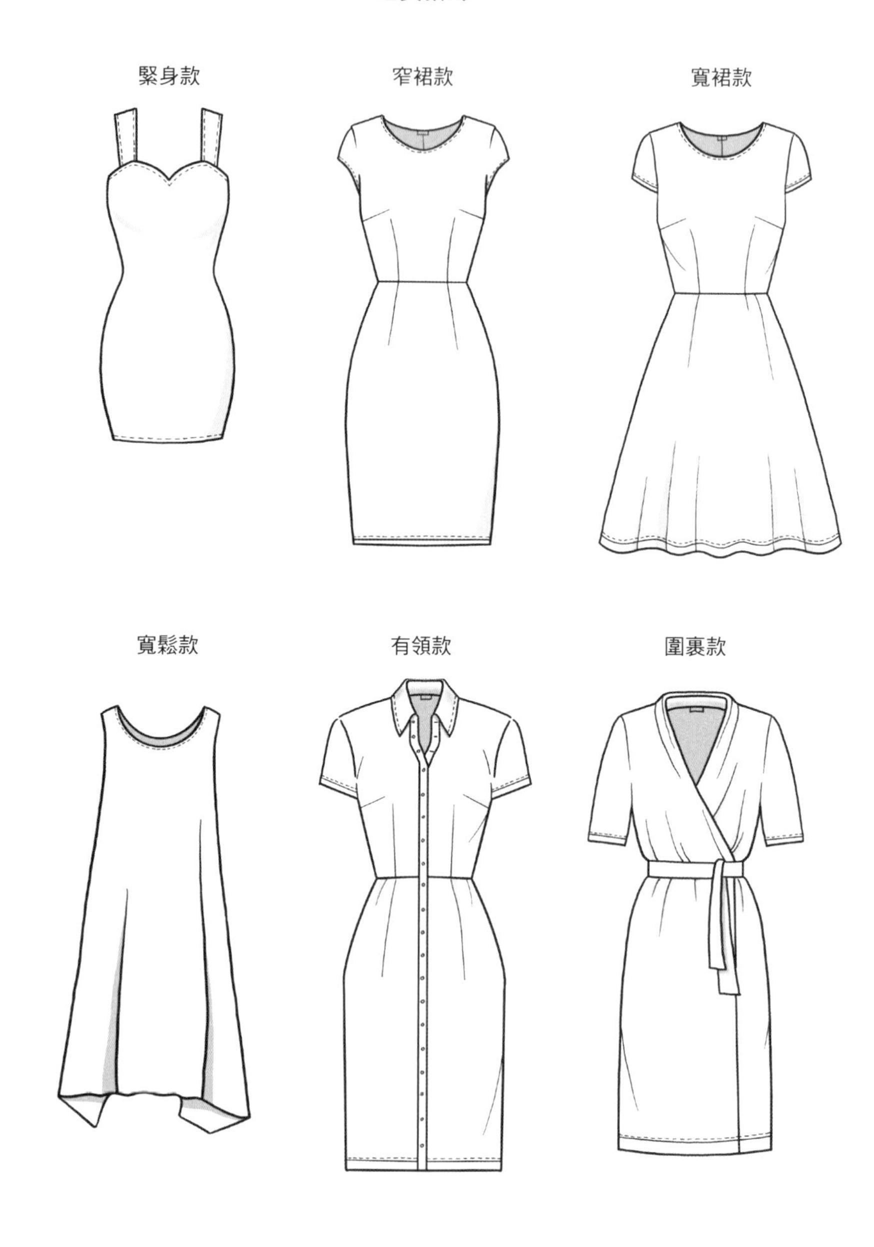

082 情有獨鍾的針織開衫

對開衫（cardigan）情有獨鍾，自從休閒風潮大熱，職場穿著越來越放鬆，昀老師的西裝生涯也隨之漸入尾聲，那時忽然發現三宅一生副牌 Pleats Please，較主線來得規矩典雅，密褶面料恰巧能展現苗條身形，又只須放入袋中機洗，完全就是我的菜，於是一試成粉，每年添購幾件開衫作為工作服，最後甚至演變成專屬個人識別。

針織開衫形式極為多元，從長度、寬度、面料與領形四個角度去看，形形色色，分析如下：

一、長度

分為超短（齊腰或腰部以上），短（腰下約十公分），長（蓋臀），超長（至腿部）四種，搭裙子以短款較佳，搭長褲一般以長款較適合。嬌小的人穿短款顯高，身高越高可以駕馭越長的款式。上身比例較長的人不適合超短款，除非下半身以寬裙修飾。

二、寬度

分為緊身、合身、鬆身與超寬四種，緊身款僅適合身材曲線美好的人，但不適合出現在職場。合身款適合所有身材，且可任意搭配裙或褲，下半身服裝可寬可窄，敞開或扣起都合適，算是百搭款，苗條的人還可以在外面繫上皮帶。鬆身款較適合褲裝，也能搭配窄裙；超寬款適合高　身材，下半身服裝線條必須收縮才好看。

三、面料

種類繁多，棉、麻、絲、毛、再生纖維、化纖與混紡都有，要考慮的是厚薄與垂墜感。身材較豐腴的人應選擇較薄或較垂墜的面料。

四、領形

主要有圓領與 V 領兩種，想要展現淑女形象可選擇圓領，因圓領扣起來比較好看，如果不扣，裡面也需要搭配圓領線條才一致，注意別讓前襟隨意翻起，才不會顯得凌亂；至於 V 領更百搭一些，敞著穿或扣起來都好看，裡面內搭領形也沒有限制。

關於女性開衫

面料

－各式各樣

－豐滿的人適合較薄且垂墜佳

長度

－超短款需腿夠長

－短款適合搭配裙裝

－嬌小人士適合短款

－長款適合搭配長褲

寬度

－緊身款最挑身材

－合身款人人都能穿

－鬆身款下半身需窄

－超寬款適合高個子

領型

－V 領最百搭

－圓領適合圓領內搭

083 再談開衫

夏去秋來，冬盡春至，一年四季，各式服裝輪流登場，唯有這款堪稱萬年不敗，不論是換季還是當季，找到機會，一定別忘了添購幾件，女人永遠都不愁找不到機會穿針織開衫。

開衫功能強大，除了最基本的保暖，在商務場合不僅可以提高正式度，還能增加好人緣；其次對修飾身材也極有幫助，為姊妹們複習一下，開衫能將身體分割為三個長條形區塊，顯瘦效果極佳；此外搭配性更是無遠弗屆，在此分享幾個重要穿搭與選購原則。

1. 喜歡玩多層次混搭的人，建議選擇短版，裡面穿著長內搭，形成層次感，還可以選擇七分袖款，在袖子部位同樣也展現層次，更顯趣味性。
2. 喜歡做飾品搭配的人，開衫完全不干擾，長項鍊或Y字長鍊恰巧在中間內搭部位形成點綴，絲巾也適合多款繫法，能裝飾肩頸部與前襟部位。

開衫搭配與選購

混搭多層次
－下襬露出長內搭
－七分袖露出內搭袖

與飾品搭配
－適合長項鍊Y字鍊
－適合絲巾

一衣多搭
－質感第一
－中性色基本款
－可與所有服裝搭配

3. 喜歡一衣多搭的人，消費較為理性，建議選擇質感好、版型佳的中性色基本款，怎麼搭都不會失敗。

至於對應職場四型風格，則各有偏好與最佳款型。

1. 典雅型偏好優雅大方，許多職場白領都屬於這個類型，可以多穿素色長版開衫，搭配裙或褲都相宜。
2. 柔和型偏好溫柔婉約，最適合兩件式（twin set）針織套裝，專業度與親和力兼具。
3. 自然型偏好輕鬆休閒，可選擇粗棒針編織款，寬鬆或加長版，搭配闊腿褲或牛仔褲都很舒適。
4. 個性型偏好創意有型，建議兩種方式，一是尋找特殊設計款，就圖個特別，或仍可選擇基本款，再用異風格單品與個性化配飾去混搭，如大型圍巾、帽子與靴子都是最佳拍檔。

職場四型風格適合的開衫

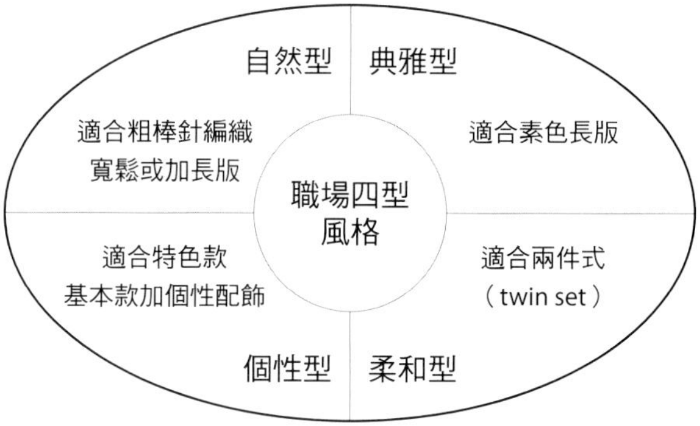

自然型
典雅型
適合粗棒針編織
寬鬆或加長版
職場四型
風格
適合素色長版
適合特色款
基本款加個性配飾
適合兩件式
（twin set）
個性型
柔和型

084 為專業背書的女款西裝

三十年前開始從事形象教學，於是開始與西裝結緣，生性愛好自由的昀老師，心中難免犯嘀咕，但礙於年輕且從事一個全新行業，必須以西裝為自己的專業背書，只能就範，唯一能做的是盡量搭配褲裝，強調身材優勢，上下不同色再添加飾品，展現搭配功力，大約有將近十年，滿衣櫥彩色西裝曾是一道意想不到的奇異風景。

相較於男裝，女版西裝款式十分多元，首先就最基本的變化、也就是衣身長度與袖長做以下說明：

衣身長度

男版西裝長度只有一種，就是蓋臀，而女版西裝長度有四種，最常見的有兩種，長度在腰下十至十五公分，大約蓋住小腹位置的稱為短版，而蓋住臀部的稱為長版，此外還有剛好及腰的超短版，以及到達大腿附近的超長版，在穿著與搭配上，不同長度效果各有不同。

女性西裝四種長度

超短款	短款	長款	超長款
－腹部需平坦	－適合職場顯親和力	－適合搭配長褲	－適合高䠷身材
－適合搭配寬裙	－搭配 A 字裙人人皆可	－顯得嚴謹專業	
－配長褲需腿長臀圓	－搭配窄裙蘋果較佳	－配裙裝需一定身高	
	－搭配長褲需腿夠長		

1. **短版西裝**：是最普遍的女款西裝，穿起來年輕有活力，還能顯高，一般說來，搭配 A 字裙最為合適，任何身型都能輕鬆駕馭，如搭配窄裙，以窄臀的蘋果型曲線較為合適；至於搭配褲裝，須考慮身材比例，下半身較長的人穿起來效果更佳，因褲裝無法模糊臀線，上半身較長的人穿起來會暴露臀位較低的問題。

2. **長版西裝**：是最接近男裝的款式，顯得最為端莊嚴謹，較適合搭配褲裝，沒有任何身材限制，所有人都能穿出好效果，但搭配裙裝顯得較保守，且有點壓個子，較適合身高中等以上的女性。

3. **超短西裝**：非主流款式，偶爾有小波段流行，此款對身材要求較高，不適合腹部圓潤的人，且上下比例若不夠理想，只能搭配寬裙來穿，就算比例佳，在搭配長褲或窄裙時，還得擁有渾圓臀型才好看。

4. **超長西裝**：也屬非主流，主要是因為上衣越長越讓人顯矮，因此僅適合高䠷女性，除非當作洋裝來穿，則沒有身材限制。

袖長有四種

女版西裝袖長有四種，長袖、七分袖、五分袖與短袖，袖子越長越顯得正式，在正式職場上，以長袖最為普遍，七分袖保留一些正式感，同時也能展現親和力與青春氣息，還可讓手臂顯長顯細，因此廣受歡迎；五分袖與短袖看起來更為休閒，適合夏季非正式商務場合或非管理層。

女性西裝四種長度

超短款

短款

長款

超長款

085 再談女款西裝

其實所謂女款西裝，在男士眼中充其量只是較硬挺的外套而已，男西嚴謹考究，而女西款式繁多，千變萬化，誰叫我們身為女人，裝扮的多樣性原本就是女性的幸福感來源之一。
除了衣長與袖長之外，女西還有幾個關鍵點，在設計與剪裁上都能做出各種變化，讓西裝風格極為多元，搭配起來趣味無窮。

首先是領型，不像男西僅有平駁領與槍駁領兩種，女西可以是修長的絲瓜領，較小且顯年輕的襯衫領、小圓領與小方領，挺拔的立領，高貴矜持的漏斗領（頸部較高胸前較低呈現 U 字形），或是乾脆沒有領子的小圓領口如經典小香外套，以及最簡單大方的大 V 領口，當然領型不同，正式度也有異，接近男裝款的兩種領型仍是最為正式。

其次是前襟合攏的方式，扣子也有單排與雙排扣的區別，單排扣西裝可以敞開穿，做休閒搭配，雙排扣則必須扣上，較缺乏彈性，喜歡絲巾或項鍊等飾品的人應盡量選擇一扣或兩扣單排款，放大V區，才能更好的展現。除了扣子，還有偏中性運動風的拉鍊款，以及較女性化的繫帶款，都不適合搭配飾品。

第三是腰身款式，有明顯腰線的合身款最女性化，當然也更挑人穿，必須有細腰與平坦小腹才能完美展現；一般人較適合微收腰的柔和腰身款，少部分直筒款應屬於休閒款，適合搭配褲裝，整體更寬大的時尚復古男友款，做個性風搭配才相得益彰。

第四是花紋，幾乎完全沒有限制，素面顯得高雅大方，最適合商務場合；條紋與格紋屬於中性風格，也最考驗服裝品質，對稱與對花紋都是必要條件；花朵與圓點西裝較少見，可將女性風格直接帶入，平衡西裝的中性感，圖案越大氣場越強，也顯得更加個性。

最後談到裝飾，女西裝飾方式很多，如有趣的扣子、明顯的口袋、車明線、滾邊，或鑲邊、異色拼接、繡花貼花等，裝飾越多商務感越弱，只適合休閒與社交場合。

女性西裝細節與正式度

	正式度高	正式度中	正式度低
長度	短款、長款	超長款	超短款
袖長	長袖	七分袖、五分袖	短袖、包袖
領型	平駁領、槍駁領 青果領、立領	襯衫領 小方領、小圓領	無領
前襟	雙排扣、單排扣	繫帶款	拉鍊款
腰身	柔和腰身	合身	無收腰
花紋	素面	條紋、格紋 圓點、花紋	抽象圖紋 動物圖紋
裝飾	無裝飾	少裝飾	多裝飾

086 戀戀風衣

話說從頭，風衣最早是軍裝外套，並且是在戰壕裡穿的服裝（trench coat），充滿陽剛氣息，儼然是男裝中不可或缺的單品，後來跨足女裝界，成為兩性通用的經典服裝。

不論潮流怎麼走，風衣在時裝舞臺上始終屹立不墜，歷久彌新，典型的風衣材質防風防水，能擋風遮雨（小雨而已），基本款是腰部繫帶（只許綁不許乖乖扣好以免太過拘謹），肩上與袖口有絆帶，卡其、軍綠或黑色，不少時尚達人建議每一位女性都需要一件 B 牌經典款風衣，可以穿十年以上，只要身材不變。

經親身試穿結果，發現自己竟然穿不了這種所謂人人都該擁有的經典款，原因是身體已經不願接受束縛，多年來在私領域習慣穿著寬鬆，商務裝選擇彈性極大的三宅一生褶衣，手臂能向後向上無限伸展才是我的日常，因此管不了什麼時尚達人傳授的撇步，每個人的基本衣物各有不同，不需要人云亦云。

像昀老師這樣喜歡舒適且追求個性的人，有許多寬版風衣可以選擇，長方形或繭形剪裁，連帽或翻領，有些極度寬大，只要是風衣面料，同樣都能達到擋風遮小雨的效果，春秋或亞熱帶的冬季都很實用。

女性化特質較強的朋友，可以選擇粉彩色或莫蘭迪色系風衣，一掃風衣過於中性的疑慮，還有一些裝飾款，比如收腰更明顯，下襬加寬成傘狀或內縮成花苞形，甚至加上荷葉邊等更女性化的設計，也可以購買經典款，但添加花圍巾作為裝飾，在心情上更為滿足。

至於考慮身材的修飾，首先注意身高，嬌小的人適合穿短版（遮臀）或中長版風衣，最長不要超過大腿一半處，身材夠高的人在長度上則沒有限制。其次是曲線，梨形身材腰線較為明顯，很適合繫帶款，苗條蘋果身材也可以繫帶，但較豐腴的蘋果建議還是敞開來穿更能修飾腰圍且顯瘦。

女性風衣

基本款

－適合經典與自然型
－ B 牌合身款
－細腰適合繫帶
－直腰適合敞著穿

個性款

－適合個性型
－繭型款 A 型款
－超寬鬆款
－宜搭配較窄下裝

女性款

－適合柔和型
－選擇粉彩色
－適合裝飾款
－配戴絲巾

087 大衣美魔力

自 2008 年移居北京，感受四季分明的氣候；北方冬季長達近半年，穿著厚外套的機會非常多，十二年來累積了此生大衣經驗的極大值，在此與朋友們分享。

女性禦寒外套從面料角度大致可分為四類：皮衣、皮草大衣、毛呢大衣與羽絨外套；皮衣保暖度有限，很適合凹造型，皮草因動物保護緣故，不鼓勵穿著，毛呢在台灣的冬季與北方初冬初春都很合適，但隆冬只能仰賴羽絨服，近年來這種專為禦寒用的外套也越來越時尚，打扮成時髦有型的熊寶寶也是一種樂趣。

接著討論大衣的剪裁外輪廓，前三款是基本款，後三款式變化款，詳述如下：

1. **繫帶款**：此款在冬天仍可展現女性曲線，是溫柔淑女與性感迷人風格的最愛，深受苗條女性歡迎，尤其是有細腰的梨形身材，繫帶不繫時，許多人會在後面打個結，維持輪廓姣好，較豐腴的女性建議直接敞開來穿，展現瀟脫美感。

2. **沙漏款**：肩型自然，剪裁合身且腰線和緩，高貴典雅型女性特別偏愛此款，與上款類似，都是較女性化的版型，嬌小女性可將腰線略為提高，很能修飾身材。

大衣六種款型

繫帶款	沙漏款	H 形款
－溫柔淑女型 －性感迷人型 －適合梨型細腰 －豐腴女性敞開穿	－高貴典雅型 －嬌小女性可略提高腰線	－傳統嚴謹型 －清純學生型 －輕便休閒型 －豐腴者選垂墜面料 －苗條者選硬挺面料
長方款	**繭形款**	**A 形款**
－藝術變化型 －搶眼時尚型 －較適合苗條體型 －氣場強大者皆可穿	－藝術變化型 －搶眼時尚型 －適合寬挺肩型 －下裝宜窄	－魔幻或可愛風 －較適合高䠷身材

3. **H 形款**：在肩部順著身體直直向下，對身材幾乎沒有要求，傳統嚴謹型、清純學生與輕便休閒型女性大半鍾情於這個經典款型，因此這是大衣家族中最普遍的一款，唯一提醒是豐腴的人宜選擇垂墜感較好的面料，偏瘦的人則適合硬挺面料。

4. **長方款**：H 形放大版，適合搶眼時尚型與藝術變化型女性，苗條的人穿起來較合適，但氣場決定一切，個性張揚的任何身型女性都能穿出自己的味道。

5. **繭形款**：外輪廓呈橢圓形，比長方款女性化些，也適合個性型女性，肩膀較寬較平的身材更為合適，豐腴的人建議搭配窄款裙或褲，可以顯得苗條些。

6. **A 形款**：肩部合身，越往下越傘開，呈大 A 字形，有點可愛或魔幻風格，較適合高䠷身材。

講究質感的朋友，建議給予大衣較高預算，選擇經典款型，一件好大衣可以穿好多年，尤其台灣氣候偏暖，應重質不重量，擁有一兩件精緻大衣就足夠了。

088 最能修飾女性身材的單品——裙

人類穿裙裝的歷史可以追溯到八千多年前，這款比褲裝剪裁更簡單，幾乎只要一塊布圍住下半身就完成的簡易服裝，後來成為女性專屬，男裝除了因文化因素或時尚界為標新立異偶一為之外，平日幾乎見不到。但在這半世紀以來的性別多元認同與男女平權風潮，女性中常穿裙的人口比例正緩步下降，在此將特別強調裙裝優點，為愛裙女性加油打氣，相較於褲裝，裙裝更能修飾女性身材，無論是上下半身比例或是曲線，都能以一襲適合自己的美麗裙裝，得到最佳展現。

裙子結構中最重要的部分便是腰高與裙長，也是裙款的基本變數，以下分別詳述。

腰高

1. **高腰裙**：將裙腰拉高，絕對是穿出長腿感的絕佳方式，但要注意裙的寬度，高腰寬裙能將臀部位置模糊掉，在視覺上拉長腿十分有效，但高腰窄裙依然能看出臀位，修飾效果大打折扣。此外胸圍豐滿、上半身短或直腰的蘋果型女性，穿上高腰裙反而顯胖，最好避免。

2. **中腰裙**：是基本款型，裙腰恰好在人的自然腰位置（上半身最細的部位），穿起來最舒服，一般人都能穿。

3. **低腰裙**：有人覺得此款更為舒適，掛在小腹部位，腰部沒有束縛感，但僅適合上下比例較好的人，才不會顯腿短。

裙長

1. **迷你裙**：對一般人最不友善，僅有少數大腿夠細且腿型夠美的女性能駕馭，還得考慮年齡、身分與場合，才不會失禮，好在自七〇年代大流行後，目前穿的人並不多。

2. **及膝裙**：商務裝最常見的裙長，可在膝上、膝間或膝下，越長越顯莊重，膝蓋特別美或腿較直的人適合膝上或膝間，否則以膝下較理想。

3. **中長裙**：又稱迷地裙（midi），英文音譯常造成誤會，以為是及地長裙，這款幾乎沒有身材限制，人人都能穿，唯一建議是最好蓋住小腿肚，露出以下較細部位才好；此款較有女人味，展現溫柔親和形象，適合較輕鬆的職場。

4. **長裙**：又稱迷嬉裙（maxi），長及腳踝的裙款，浪漫感十足，適合休閒或社交場合，僅有創意行業才能穿到職場。

女性三種裙腰高度

高腰裙
－寬裙顯腿長
－窄裙效果不彰
－胸豐滿不宜
－腰短與直腰也不宜

中腰裙
－舒適基本款
－人人都適合

低腰裙
－視覺上讓腿變短
－上半身長的人不宜
－最好搭配高跟鞋

女性四種裙長

迷你裙
－適合長腿
－適合年輕人
－視場合而穿

及膝裙
－美膝可膝上
－一般人適合膝下
－端莊商務裙款

迷地裙（小腿肚）
－須蓋住小腿肚
－較無身材限制
－適合輕鬆職場與社交

迷禧裙（腿踝）
－日間最長的裙長
－適合社交與休閒
－創意職場可穿

089 裙的變化款之一

擁有八千年歷史的裙子，發展至今究竟有多少款式，根據維基百科英文版，共列出四十四種款型，讓人眼花撩亂，在此選出一般常見的款式，並詳細說明該款型與女性身材之間的關係，大家不妨詳讀並找出屬於自己的最佳裙款。

窄裙

又稱為 H 型裙，及膝窄裙又稱為西裝裙，在所有裙款中最具商務感，與女款西裝是最佳組合。窄裙為了便於行走，多半有開衩，後衩顯得端莊，側衩較為優雅，前衩最性感，不適合職場。窄裙對臀圍有一定要求，較適合蘋果型身材，梨型女性若因工作需求一定要穿，臀圍必須留有足夠鬆分。

鬱金香裙

又稱鉛筆裙，是窄裙的變化款，下襬更為內縮，適合身材苗條臀型姣好且腿較細的女性，一般人要穿，可以加上寬上衣蓋住臀部，許多圍裹式一片裙上身後，也會呈現此款的效果。

花苞裙

面料必須夠硬挺才能製作成此款，它從腰下開始蓬起，越往下襬越內收，像花苞造型，穿上後看不出臀部真正輪廓，適合梨形身材，但因整體放大，因此較適合苗條的人。

A 字裙

此款對身材要求最少，幾乎所有人都能穿出好效果。腰臀部合身，至髖關節之下逐漸放大，形成英文字母大寫 A 字，是梨形女性的最愛，穿起來能修飾較寬的臀部，顯得苗條有型，在大多數職場都能選擇這個款型，搭配西裝或開衫顯得端莊大方。

褶裙

學生風格的代表裙款，許多人中學時代都穿過，前後各有四個大褶，或更多中型褶子，整個輪廓呈 A 字，通常褶越多越容易顯胖，為解決這個問題，有些褶裙將上半段褶子車縫起來，讓腹部較為服貼，此款因為布料多為重疊，也容易顯胖，適合較苗條的身材。（待續）

女性五種變化裙款（一）

窄裙

－適合蘋果型身材
－梨形下襬勿太內收
－適合職場

鬱金香裙

－下襬內收的窄裙
－適合腿細臀美蘋果
－一般人可搭配長上衣

花苞裙

－稍硬挺面料
－適合苗條梨形身材

A 字裙

－人人都能穿
－特別修飾梨形身材
－適合職場

褶裙

－校園風格
－太豐滿較不適合
－腹圓不宜

五種變化裙款

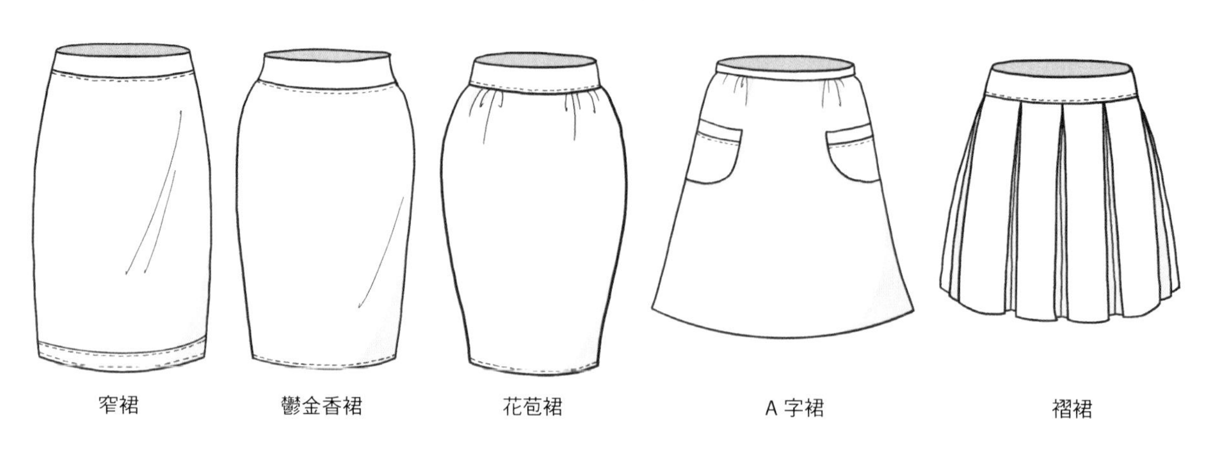

090 裙的變化款之二

繼續談談各種變化裙款。

百褶裙

與褶裙的大褶子不同，此款裙褶十分細密，為了永久固定，多半使用化學纖維加熱處理，從早年一公分到後來三宅一生三公釐左右的細褶裙，很受女性喜愛，主要是穿起來彈性大，身體感覺不受束縛，其中寬襬百褶裙對身材要求不大，近年來流行長百褶裙混搭小西裝或皮衣，特別彰顯個性，但三宅款直筒細褶裙相對較不容易討好，大部分女性都需要搭配蓋臀的寬版長上衣，才能有效地修飾身材。

碎褶裙

腰圍打碎褶，裙襬直直往下，大半是長裙，通常面料都是薄且軟才適合，此款給人一種輕鬆休閒的印象，由於腰部抽褶，腹部可能微凸，大多搭配短上衣遮住腹部。

寬襬裙

腰腹部合身，越往下越寬的裙款，在製作上有可能是六片裙、八片裙、斜裁裙或圓裙，但效果都是大裙襬，是超級浪漫的款式，適合社交或宴會場合，裙襬搖曳生姿，展現極大女性魅力，由於腰腹合身，最適合擁有細腰的梨形身材，長款寬襬裙對身高也有一定要求，建議搭配高跟鞋為佳。

魚尾裙

與上款有些類似，腰腹部合身，但至接近下襬處做成放寬的魚尾狀，此款對身材要求甚高，腰腹臀都得達標，曲線適中的蘋果梨最適合。

蓬蓬裙

想像芭雷舞者的裙子，就是蓬蓬裙，與碎褶裙有點類似，在腰部打碎褶，但下襬放寬，且面料必須有支撐力，才能蓬起，印象中是小公主或仙女的裝扮，因此只適合社交或宴會場合，近年來多半用來與中性外套混搭，成為可鹽可甜的代表單品。此款單獨穿適合細腰梨形身材，但用來混搭則完全沒有限制，稍微注意身高即可。

蛋糕裙

層層相疊的裙款，有些層次在外面相疊，有些層次相互連結，都稱為蛋糕裙，外型與寬襬裙或蓬蓬裙很接近，非常女性化，是許多女性的最愛，近來也常參與混搭的行列，變身為個性風格。

女性六種變化裙款（二）

百褶裙
－寬襬較無身材限制
－窄款須搭配長上衣
－長寬款適合混搭

碎褶裙
－輕鬆休閒款
－較無身材限制
－短上衣蓋住腹部

寬襬裙
－適合梨形身材
－需要一定身高
－最好搭配高跟鞋
－適合社交宴會

蓬蓬裙
－適合梨形身材
－細腰才好看
－適合混搭
－適合社交宴會
－需要一定身高

魚尾裙
－對身材要求較高
－蘋果梨較適合

蛋糕裙
－適合梨形身材
－適合混搭

六種變化裙款

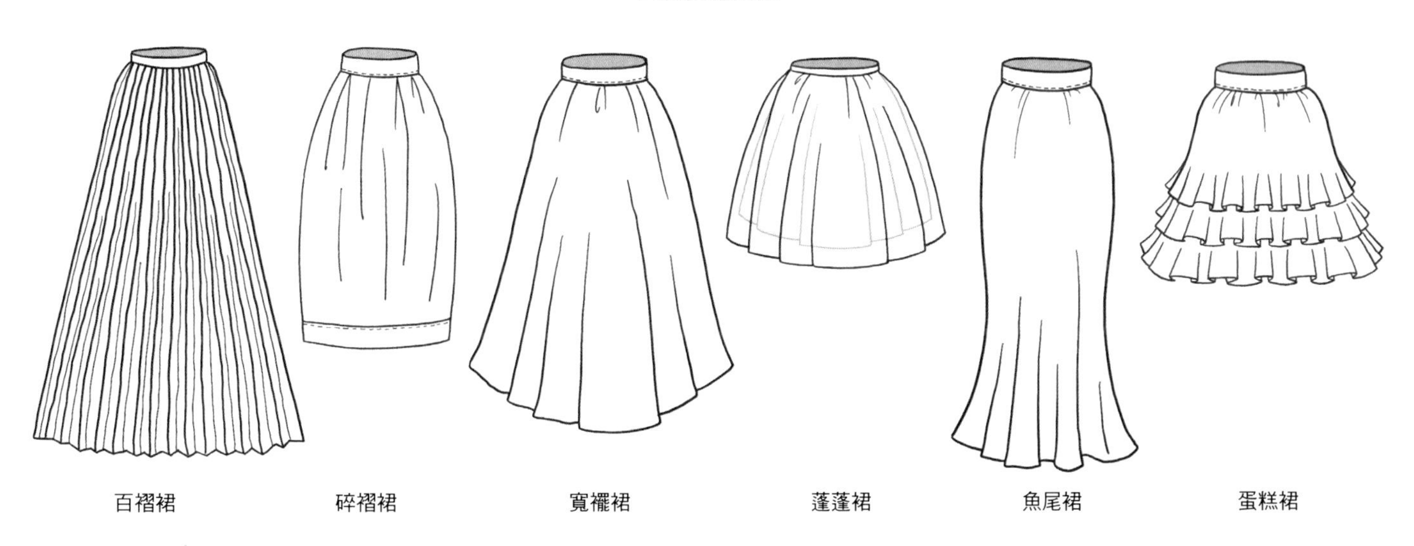

百褶裙　碎褶裙　寬襬裙　蓬蓬裙　魚尾裙　蛋糕裙

091 最能展現女性帥美的單品——褲

褲裝絕對是現代女性的最愛，正確說法應該是越有個性的女性越偏愛褲裝，以昀老師本人為例，近年來穿褲裝比例高達九成以上，實在是因為穿褲裝舒服又方便，但其實褲裝對身材要求較裙裝更高，能將褲裝穿得好看的女性，必須有理想的比例。至於褲裝能否穿出專業感，已經無庸置疑，現在連嚴肅職場都能接受女性穿著西褲套裝；然而褲裝能否穿出性感魅力，端看男性心態而定，能欣賞女性穿褲裝，進而感受到個中魅力的男士，想必是新好男人。

既然將褲裝說得如此高級，新女性必須懂得如何選擇適合自己的褲款，以下將詳述關於褲裝的種種。首先關於剪裁，有兩個基本元素，腰高與褲長，在此先談談腰高。

褲腰高度按正常來說，當然是較合乎人體工學的中腰最舒適，但偏偏好玩的時尚界忽高忽低做出許多變化，記得曾有好長時間流行低腰，市面上完全找不到其他款型，印象中有過一條超低腰牛仔褲，根本不須解開扣子，直接就能脫掉，想想實在後怕，如此不安全的褲款女性集體穿著多年，好在近來褲腰又恢復正常，且多種版型任人選擇，我們終於取回褲腰自主權。

1. 高腰褲：有人以為高腰褲能神奇地將腿變長，其實不然，拉高腰線，但臀部仍在原地，假使腰較長，反而顯得臀相對更低，因此高腰褲只適合身材比例適中，腰臀落差不太大的蘋果梨，能駕馭的女性並不多。此外上半身較短的人也不適合，穿起來顯得十分侷促。

2. 中腰褲：理想基本款，任誰都能穿，穿起來最舒適。

3. 低腰褲：自動降低腰線，僅限於身材上下比例夠好的女性，其他人若要穿只能靠高跟鞋來補強。

女性三種褲腰高度

高腰褲

－無法增長腿部

－適合比例佳蘋果梨

－上半身短的人不宜

中腰褲

－舒適基本款

－人人都適合

低腰褲

－視覺上讓腿變短

－上半身長的人不宜

－最好搭配高跟鞋

092 褲越長腿越長——談女褲長度

高中時期流行大喇叭褲，愛美的媽媽自然不能錯過，超寬超長的褲管，搭配前高後高的鬆糕涼鞋，還記得媽媽變身大長腿的神奇瞬間，既時髦又迷人，讓清湯掛麵的昀老師終身難忘，太羨慕啦！

是的，選對褲裝，腿立馬增長，但反之亦然，對身材修飾而言，其實只有一則鐵律，褲長越長，腿顯得越長；然而除了追求腿長，顯然還有其他目的，如跟流行或彰顯個性等，於是近年來褲長自由度極大，幾乎任何長度都有，建議選擇適合自己的長度，才能穿出美感。
不同褲長各有特性，分述如下：

1. 五分褲：通常在膝蓋附近，膝蓋美麗可選擇膝上款，否則還是以膝下為佳，當然前題是小腿必須修長。五分褲給人休閒感，除非是創意行業、自由業或高科技，不建議穿到職場。此外特別需要留意上衣長度，避免剛好上下一比一，可將上衣下襬部分放入褲腰，或在上衣外加一條腰帶，都能調整比例。

女性五種褲長

五分褲	七分褲	九分褲	全長褲	超長褲
－休閒風格	－較輕鬆職場或週五	－職場可以穿著	－直筒西褲多為此款	－個性風格
－適合小腿夠細的人	－最好蓋住小腿肚	－對身材較無要求	－搭配中低跟包頭鞋	－闊腿褲與大喇叭褲
－搭配避免一比一		－腳踝較細即可	－小喇叭褲也顯腿長	－須搭配高跟鞋

2. **七分褲**：長度約在小腿中間，小腿肚較粗的人褲長應遮住腿肚，小腿筆直則沒有限制。七分褲比五分褲略為正式，在較休閒的職場或週五可以穿去上班。

3. **九分褲**：長度在腳踝附近，對腿形完全沒有要求，只要腳踝還算細即可，正式度較高的款式可搭配優雅鞋款，出入商務場合，休閒款適合搭配小白鞋、運動鞋與踝靴，舒適又率性。

4. **全長褲**：蓋住腳的長度，通常與褲管寬度成正比，煙管褲剛好觸及腳背，上寬下窄的打褶褲或中直筒大約蓋住腳跟一半，女性西褲大多是這個長度，適合中低跟包頭淑女鞋，顯得幹練大方，下襬較寬的小喇叭褲則可以蓋住整個腳，穿起來顯得較修長。

5. **超長褲**：比腿還長的褲子，喇叭褲與闊腿褲多屬此類型，搭配高跟鞋，幫助女性一舉登上高峰，但鞋跟太高不免有些不自然，如想偷偷長高，鞋跟以八、九公分為限。

093 女褲基本款

據可考證的最早褲子出現在約三千年前，一路演化到現今，褲款自然十分多元，且大多男女通用，女性最常穿的長褲款式有以下幾種：

緊身褲

近年來彈性面料日新月異，緊身褲也隨之越來越緊，緊到與襪子無異，高彈性薄款緊身褲只能算是內搭褲，外罩長版上衣是基本禮貌，近年流行的瑜珈褲外穿實在是災難，女性隱私部位一覽無遺，但風氣越燒越炙熱，不知是否有回頭的一天，優雅女性請務必堅守不外穿原則。至於厚款緊身褲如彈性牛仔褲或彈性斜紋棉布，有完整長褲剪裁與結構，只要臀型美腿夠細，當然不在此限。

窄管褲

又稱鉛筆褲，通常面料也需要彈性，否則極不舒服，此款適合腿夠細的人，假使大腿稍粗，仍須搭配較長的上衣。相較之下年輕男性通常臀窄腿細，比女性更能展現窄腿褲優勢。

中直筒褲

適用性最廣的褲款，大腿處微寬，一路直線向下到褲腳，適合所有體型，這是男性西裝褲與傳統牛仔褲的原型，也是梨型女性的最佳選擇。女性在嚴肅職場或需要展現專業的商務場合，這是唯一褲款。

打褶褲

在腰際做出對稱的褶子，也是西裝褲常見款，對女性身材也非常友善，可以遮住微凸小腹、略寬的臀與肉肉大腿；但褲管越往下越縮小，只能搭配中低跟鞋款。

小喇叭褲

七、八〇年代曾風靡一時，幾乎人腿一件，上半截合身但褲管越往下越放寬，較適合蘋果型女性，最大優點是適合搭配高跟鞋，只要褲長能蓋住鞋子，簡直就是後天大長腿利器；但近年來流行九分甚至七分小喇叭，效果適得其反，比一般直筒褲看起來腿更短。

闊腿褲

與小喇叭褲同時期流行過，又稱大喇叭褲，褲管自臀圍處直下或一路放寬，遠看有點像長裙，最適合梨型女性，將臀與腿一併完美修飾，此款必須搭配高跟鞋，否則必然顯矮。

女性六種基本褲款

緊身褲	窄管褲	中直筒褲
－薄款避免外穿 －上衣必須夠長 －厚款外穿適合臀美腿細的人	－適合腿較細的人 －大多搭配長上衣	－西裝褲版型最顯正式 －可修飾梨形身材 －大多數人都能穿
打褶褲	**小喇叭褲**	**闊腿褲**
－西裝褲也有此款 －修飾腹部與臀腿 －適合低跟鞋	－適合蘋果型身材 －可加長搭配高跟鞋 －很顯腿長	－修飾梨形身材 －必須搭配高跟鞋 －腿大幅加長

女性六種基本褲款

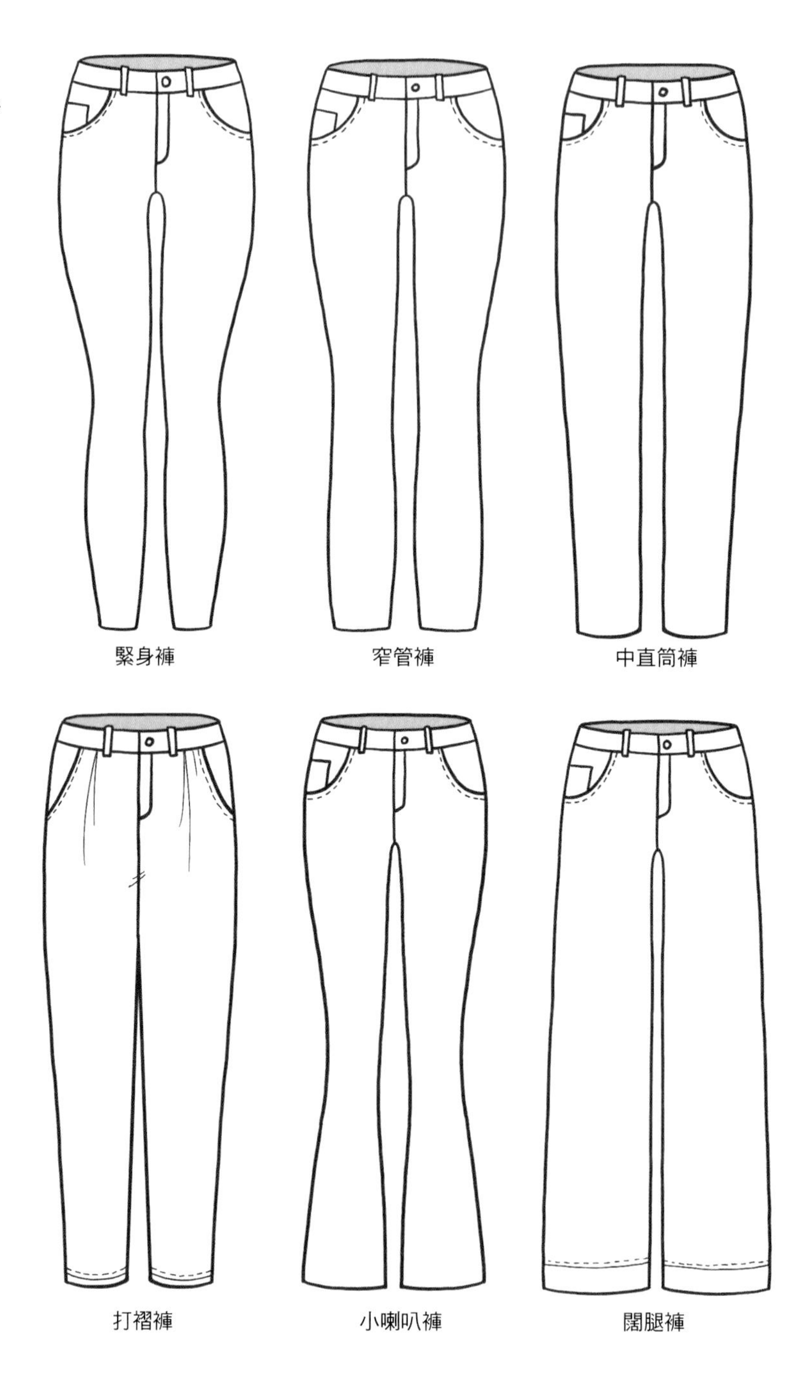

094 女褲變化款

女裝褲款除了前述的基本形式之外，還有一些變化款，藉此機會了解一下，為生活增添幾分樂趣。

裙褲

有人稱之為褲裙，大致上是輪廓類似 A 字裙上窄下寬的褲子，集合裙的優雅與褲的方便，正式休閒兩相宜，又不挑身材，選擇自己適合的長度即可。

哈倫褲

上寬下窄的褲型，比打褶褲更誇張更有個性，這個褲款因位臀部曲線模糊，蘋果與梨形身材都能穿，唯一限制是褲腳窄，比較無法藉著高跟鞋偷偷增高。

低襠褲

又稱為農夫褲，完全破壞身材的一種褲款，不論哪種比例或曲線，人人穿起來都一樣肥肥短短，穿它是為了時尚樂趣，不求表現身材，只有一種特殊情況，仍能隱約看出身材，就是靠運動維持的翹臀，假使擁有渾圓翹臀，加上細腳踝，就算是低襠褲也無法泯滅你的身材優勢。

女性六種變化褲款 ➧

燈籠褲

褲腳束口的燈籠褲，多半是柔軟面料，有種異域風情，上寬下窄的剪裁，多半搭配平底鞋，輕鬆舒適，光滑面料也能搭配高跟鞋，展現特殊的魅力。

背帶褲

又稱工裝褲，最早是為了方便工作的牛仔褲，後來成為時尚圈一種趣味褲款，上半身從原本的前面一片方形布塊，演化成各種形式的吊帶或背心，褲款也從小直筒演變為闊腿褲、低襠褲或燈籠褲等，背帶褲除了略有保暖功能之外，主要是展現個性與時尚感，只是對女性而言，如廁時較不方便。

連身褲

將上衣與褲子連成一體，曾經是昀老師少女時期的最愛，明明穿脫不方便，卻偏好它的獨特個性美，這個褲款比較挑身材，需要姣好的比例與曲線，否則不太容易獲得修飾（當然個性風的低襠連體褲除外），近年來連身褲一直是時尚圈寵兒，從休閒到正式宴會都能見到它的身影。

在連續四篇談褲裝的最後，替姊妹們做一個總整理，褲裝穿出好身材的四大祕訣如下：

1. 比腿長七公分的中腰小喇叭褲，搭配同色高跟鞋，腿立刻隱形增長七公分。
2. 比腿長五公分的中直筒西裝褲，搭配中跟包鞋，腿自然增長五公分。
3. 全長窄腿褲，搭配同色腳踝靴或羅馬鞋，顯得非常修長。
4. 比腿長更多的高腰闊腿褲，搭配前高後高的鬆糕鞋，效果驚人。

女性六種變化褲款

裙褲	哈倫褲	低襠褲
－正式休閒兩相宜	－個性款	－超個性款
－不挑身材	－無身材限制	－無關身材
－選擇適合的長度	－無法穿高跟鞋增高	

燈籠褲	背帶褲	連身褲
－異域風情	－個性款	－超個性款
－搭低跟鞋休閒	－穿脫較不方便	－穿脫較不方便
－搭高跟鞋迷人		－合身款適合比例好的人

095 飾飾如意——飾品配戴技巧

十三歲那年，替自己買了一條嬉皮風紅黃綠相間小珠編織超長項鍊，自此開啟長達四十多年的飾品人生，由於熱愛再加上工作需要，昀老師的私人珍藏飾品數量驚人，每回開課拿出來當作教材，都令學生興奮不已，基於這些使用與教學累績的雙重經驗，號稱飾品達人絕不誇張。如何將飾品戴出好效果，有以下幾個基本要件：

一、減法原則

首先是減法原則，配戴飾品很難量化，硬要給個公式應該是：主角 1 ＋配角 2 ～ 4，全身上下焦點度最高的飾品只能有一個，其他都是陪襯，若個個都搶眼，肯定變成聖誕樹，建議在鏡前仔細端詳，假使眼光很忙，目不暇給，必須拿掉一個，做減法就對了。

二、服裝素的好

想與飾品成為好朋友的話，服裝應該越素越好，避免一切自帶的設計或裝飾，最好連扣子都是同色，服裝成為空白畫布，才能讓飾品盡情發揮，為造型賦予新生命，每次裝扮都是一個創作過程，樂趣無窮。

配戴飾品五大要件

減法原則	服裝簡約	按風格選購	符合 TPO	隨年齡升級
－1 主 2-4 次原則	－服裝素色	－經典：精緻優雅	－白天素雅、夜間華麗	－中年後品質宜提高
－視覺焦點只有一個	－盡量無裝飾	－柔和：柔性線條	－職場優雅端莊	－選擇設計師款
		－自然：簡單大方	－社交個性時尚	
		－個性：搶眼特別	－人境合一	

三、了解自己的心理風格

至於飾品該如何選擇，應該根據心理風格而定，就算不清楚自己的風格，憑直覺買到的飾品大約也是落在該風格範圍內，經典型的飾品精緻優雅，柔和型的充滿女性化柔性線條，自然型的人追求俐落，較少為飾品所動，偶爾會戴些簡單大方的小飾品，個性型才是飾品真正愛用者與最大藏家，不論民族風或機車風，越誇張越特別越有吸引力。

四、要符合 TPO 原則

終於到了飾品的配戴原則，搭配服裝當然是第一要務，色彩、線條、形狀與質感都需要與服裝協調，看起來才順眼。再來就是符合 TPO（時間，地點，場合）原則，遵循時間原則，日間素雅夜間華麗，質感風格與場地一致，商務與社交場合有別等，才能讓飾品為我們加分。

五、讓設計師款為自己加分

最後一個提醒，隨著年齡日漸增長，飾品質感必須適度提升，年輕時青春無敵，連鞋帶都能隨意繫在脖子上當作項圈，然而邁入中年後，可適度添購一些質感較好的飾品，不一定是珠寶等級，但至少得是設計師款，讓精緻感助力歲月沉澱出來的好品味，絕對能為自己加分。

096 蜿蜒頸間的一道風景——項鍊

談到女性飾品，琳瑯滿目，足夠寫出整整一本書，但若要挑出幾樣特別闡述，項鍊絕對是其中的第一名，印象中媽媽年輕時最愛項鍊，項鍊蜿蜒在她修長的頸間，婉約動人，這個美麗的畫面委實讓人難忘。

六大類別各有特色

從形式上來看，項鍊有六大類別，包括鍊串、珠串、墜鍊、繩鍊、頸環與Y字鍊，各有特色，分述如下：

1. 鍊串由金屬圈相連而成，沒有墜子，戴起來呈U形，整體風格由圈的造型決定，圈越大裝飾性越強，圈越粗個性感越強，細小鍊串往往是基本款，可以疊加配戴，增加時尚度，也能加上墜子，變身為墜鍊。
2. 珠串由珠子相連而成，最常見的是珍珠項鍊，當然還有各種其他材質，大小長短適中的珍珠項鍊最為典雅，超長超大或異形珍珠（巴洛克珍珠）則變身時尚款，細小珠串可以數條重疊配戴或加上墜子提升焦點度。

女性六款項鍊

鍊串	珍串	墜鍊
－金屬圈越大越搶眼 －無墜呈 U 形 －細鍊可添加墜子	－珍珠短項鍊最經典 －加大加長個性化	－有墜呈 V 形 －可加長頸部線條 －墜子是焦點

繩鍊	頸環	Y 字鍊
－皮繩棉繩 －自然風、個性風	－適合美麗細長頸子 －金屬寬頸圈 －絲帶、絨帶、軟頸圈	－適合胸部豐滿的人 －顯瘦顯高 －前三款有活扣都可變身 Y 字鍊

3. 墜鍊是最普遍的款式，由金屬鍊加上墜子，因為下方墜子的重量，戴起來呈 V 形，短款可以拉長頸部並修飾臉型，長款可以加強身體縱向線條，讓人顯瘦，因而廣受女性歡迎。
4. 繩鍊是墜鍊變異款，鍊子變為繩子後風格丕變，搖身成為自然風或個性風，最常見到皮繩或棉繩，方便調整長度是它的重要特色。
5. 頸環有兩種，其一是大金屬圈，套在頸子根部，可以更換墜子，其二是軟質如絨布、絲綢或皮質，直接貼在頸子中間，這兩款都是細長美頸的女性專屬。
6. 還有一個小眾款 Y 字鍊，最適合胸部豐滿的女性，能妥妥固定在身體中央，不會任意滾動，前三款只要夠長且有活扣，都能變身成為 Y 字鍊，讓身形顯瘦顯高，還能與 U 型或 V 型項鍊疊加配戴，增添變化趣味。

除了以上六類，最後還有混和設計款項鍊，各種材質的鍊繩珠合為一體，或刻意將異風格的兩三條混搭成為一條，這是時下最流行的項鍊趨勢。

用不同長度和身體特徵做搭配

最後談談項鍊長度與身體特徵，距離下巴約一個臉長度的鎖骨鍊最為友善，尤其是墜鍊，幾乎人人適合；在這之上的短項鍊需要較長的頸子與適中臉型，剛好及胸的長度最好避免，因他人眼光很容易聚焦於此，有點引人失禮；更長到胃部俗稱毛衣鍊，只要胸部適中也都可以配戴；再長超過腰部的超長項鍊則僅有高個子才撐得起來。

項鍊長度與身形適用性

款式	長度	適合身形
超短	頸鍊、頸圈、頸環（頸部附近）	頸細長、臉型適中
短款	鎖骨鍊（下巴之下一個臉長度）	人人皆宜
中長款	剛好及胸部	避免
長款	毛衣鍊（到胃部）	大多數人皆宜
超長款	腰部以下	適合高個子

項鍊種類

鍊串

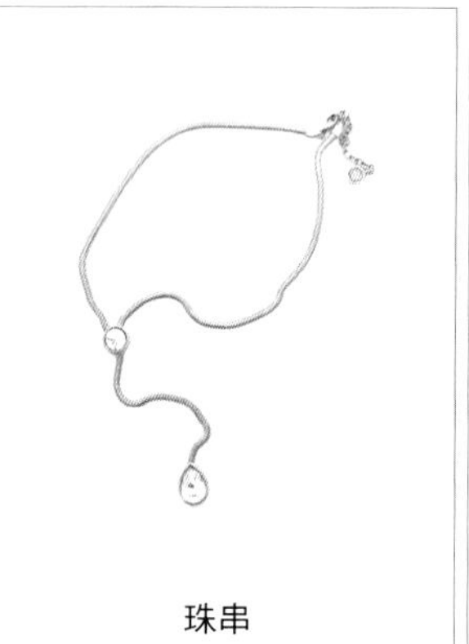
珠串

墜鍊

頸環

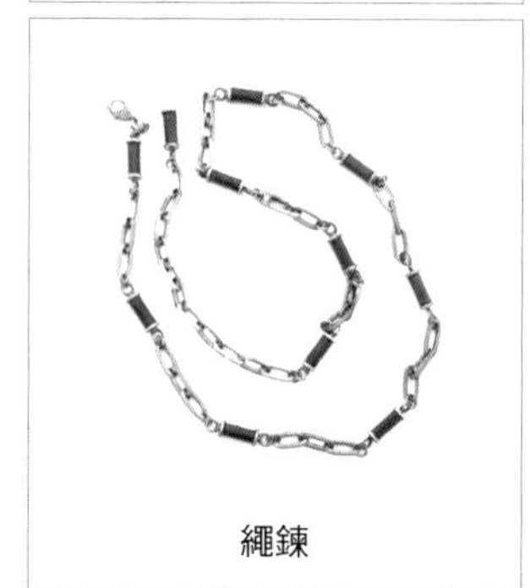
繩鍊

Y 字鍊

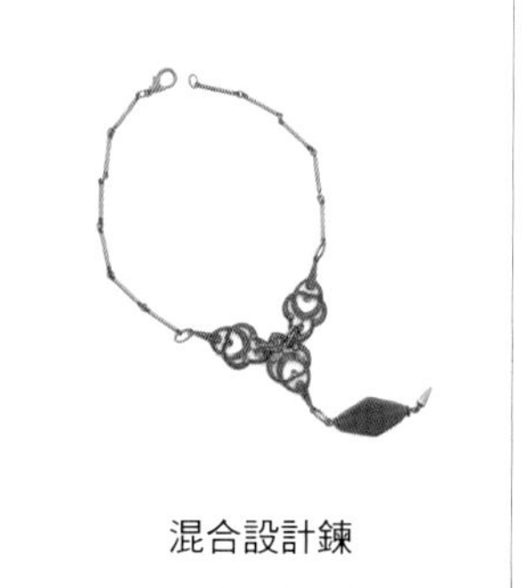
混合設計鍊

097 繾綣廝磨話耳環

曾經有很長一段時間，耳環是昀老師的最愛，尤其鍾情於藝術感強的大型垂吊耳環，搭配一頭捲髮，又酷又美又帥，但近十幾年，因年齡帶來的視力問題，又重新戴回眼鏡，這下徹底與大耳環告別。

沒錯，耳環與眼鏡有可能兩相衝突，除非其中之一特別低調，除此之外，任何服裝款式都不影響耳環的配戴，耳環能將他人目光焦點吸引至臉部，更有利於人際互動，這是裝扮的終極目標，因此根據形象專業，若要選出最佳飾品，非耳環莫屬。

耳環的選擇與臉型、身材、裝扮風格及場合身分都有關係，試著從不同的耳環形式來分析，耳環按形式可分為六種，包括耳釘、鈕扣式、圈式、垂吊式、貼花式與耳廓式，分述如下：

1. **耳釘**：向來戲稱是為自己配戴的飾品，小到如米粒或圖釘，近在咫尺才能發現它的存在，還得是露耳的髮型，因此只要適合自己的風格，愛怎麼戴就怎麼戴，反正也看不清楚。

2. **鈕扣式**：這是搭配商務裝的最佳選擇，大約銅板尺寸，貼著耳垂，盡顯優雅端莊，圓臉方臉避免相同或相反形狀，稍長的不對稱流線造型最能修飾臉型。

3. **圈式**：圍繞著耳垂前後相連的圈狀耳環，若直徑在兩公分內，也很適合搭配商務裝，與鈕扣式相似，圓臉方臉避免相同或相反形狀，稍微加長的造型更能修飾臉型。

4. 垂吊式：浪漫女性的最愛，柔和型偏愛小巧款，個性型偏愛張揚款，長度與頸長必須成正比，適合社交場合，在商務場合配戴會降低專業度，只能選擇較短較小的款式。

5. 貼花式：整個貼在耳朵上的特殊款式，大小適中的美麗耳朵才能相得益彰，適合宴會，必須搭配露耳髮型與時尚個性型裝扮。

6. 耳廓式：也是一款特殊造型，夾在耳廓上，可以一次戴好幾個，偏中性風格，適合個性型女性，除非創意型職場，一般較適合社交與休閒場合。

女性六款耳環

耳釘
－近處才看得見
－宜露耳髮型

鈕扣式
－端莊大方適合職場
－圓臉、方臉避免與臉型相同或相反
－不對稱流線型最修飾臉型

圈式
－典雅風適合職場
－圓臉、方臉避免與臉型相同或相反
－可以選擇橢圓形

垂吊式
－適合社交場合
－職場需小型
－柔和型適合小型
－個性型喜歡大型
－長款適合長頸

貼花式
－適合宴會
－適合美麗耳型
－適合露耳髮型
－適合個性化裝扮

耳廓式
－適合社交與休閒
－創意職場可以
－中性個性風
－可多個一起戴

女性耳環六款

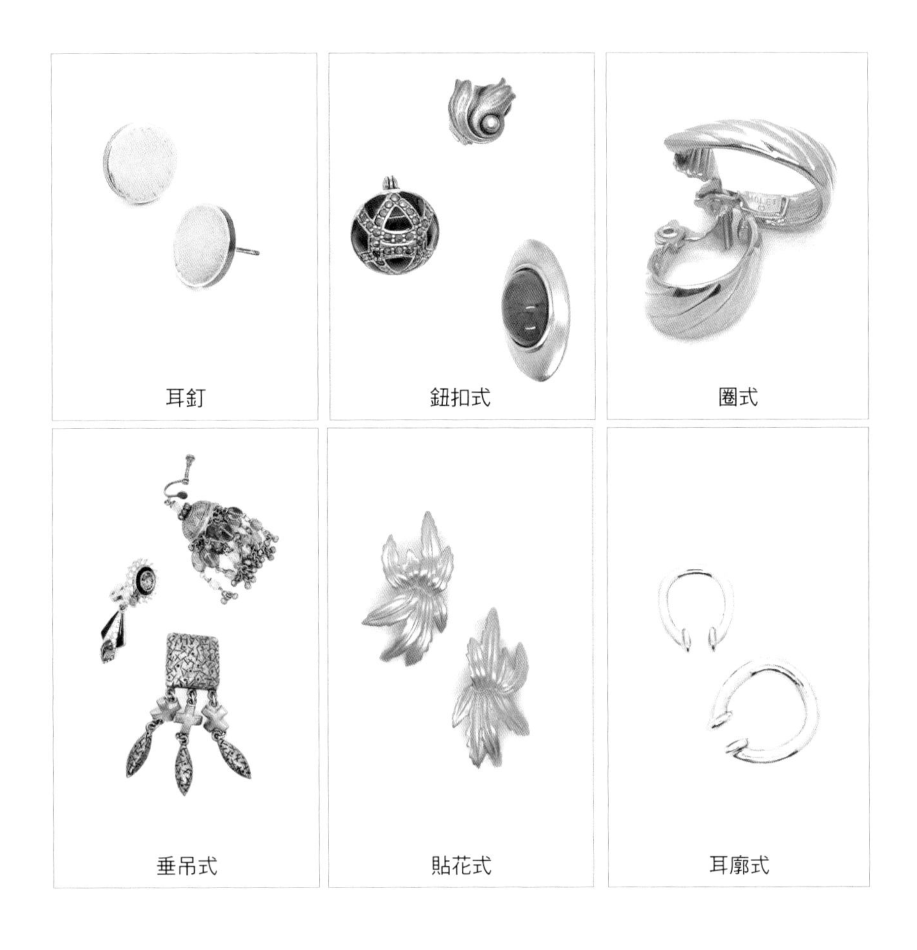

098 襟上添花胸針之美

胸花正確位置在肩窩

每回上課談到胸針或胸花，頭一個迫切需要普及的概念就是這兩款名字冠有「胸」的飾品，真的不是戴在胸部呀！那麼究竟該戴在何處才合適，胸花應該配戴在肩窩，何謂肩窩，請將肩膀向前也就是向內折，在鎖骨下有一個最凹處，這就是昀老師指的肩窩，一朵朵美麗胸花的最佳定位點，一般人經常誤將胸花戴得太低，一不小心就觸及胸部，引他人眼光駐足於此有些失禮。至於花樣繁多的各式胸針，能夠配戴的位置與方式很多，詳述如下：

1. **外套領子**：想必這是胸針名稱由來，也是最普遍的配戴方式，戴在此處的胸針大半是中大型尺寸，假使外套是西裝領，多半是戴在下方較大的領駁上，外緣與領駁大致平行，高度約在肩窩處，位置約在領駁中間，太靠近臉顯得小氣，太靠外顯胖。

   不對稱抽象造型可試著在左右領比較一下，造型朝外朝上感覺更有活力，朝內朝下則較為內斂低調，依當天所需形象訊息而定。

動物或花朵造型上下已經固定，朝內朝外氛圍不同，面朝內顯得溫馨，朝外更為奔放，仍然視形象需求而定。

2. **襯衫領**：中小型對稱款胸針經常如此配戴，襯衫扣子全部扣上，將胸針固定在兩個領片中間，此款顯得保守，適合經典風格女性的商務裝扮，充分展現嚴謹可靠形象。

3. **高領**：特別喜歡的小型胸針可一次買兩枚，同時配戴在高領針織衫的一側領子上，上下左右呈不對稱造型，增添趣味性。

4. **當扣子使用**：將胸針別在沒有扣子的針織開衫前襟，用來固定，大型款單獨使用，小型款也可以兩枚並用。

5. **服裝抓皺固定**：寬大上衣或洋裝，有時可在某部位抓皺製造變化效果，此時胸針便可以用來固定，同時也能裝飾，適合浪漫個性風格。

6. **與其他配件一起使用**：軟質編織包或布包以及帽子，都能以胸針裝飾，圍巾也能搭配胸針使用，既能裝飾也能用來固定結飾，一舉兩得。

女性胸針六款配戴法

外套領上	襯衫領中間	高領一側
－領駁上方肩窩處 －領駁中間與領駁平行 －朝上朝外顯活力 －朝下朝內較低調 －注意實物造型方向	－嚴謹可靠 －經典型職場裝扮 －小型對稱設計	－小型兩枚不對稱 －增添趣味感
當作扣子	**服裝抓皺固定**	**與其他配件**
－固定開衫外套 －中型一枚 －小型兩三枚	－寬版裝側面可抓皺固定 －製造不對稱感 －浪漫個性風	－與編織包帽子一起 －固定絲巾結飾

099 圍所欲圍——絲巾色彩整合技巧

身為資深絲巾玩家兼三本絲巾專書作者，昀老師對絲巾自然是情有獨鍾，不分四季，無論場合，都能找到適用的絲巾，憑藉著特有的柔軟與流動感，讓整體造型瞬間浪漫起來。

由於豐富的色彩與較大的面積，使得絲巾的搭配功能淩駕在所有飾品之上，而用好絲巾最重要的方法之一，便是與服裝做好色彩整合，至於如何整合，以下有四種方式：

一、花絲巾配素衣服

這是最常見的搭配方式，很多看似樸素的單色服裝，只要有一條色彩合宜的花絲巾上身，立刻顯得生氣蓬勃；而何謂合宜色彩，最重要的原則就是花絲巾裡必須有和衣服相同的顏色。選購絲巾時先想一想，你的服裝有沒有絲巾中的色彩，假使沒有，建議放棄，否則這條絲巾將淪為孤兒，沒有機會上場，要不就是還得為它去找相應的衣服，頗為麻煩。

二、素絲巾配花衣服

喜歡穿花衣服的朋友，不妨採用這樣的搭配方式，此處二者角色互換，但配色原則和上述完全相同，素絲巾必須與花衣服中的某個色彩相同，才能達到良好整合效果，因此在選購素絲巾時，一定要先想想，有沒有同色的花衣服。

絲巾色彩整合四種方式

素衣配花巾	花衣配素巾	素衣配素巾	花衣配花巾
－最常見的搭配方式 －花巾中有素衣色彩	－適合喜穿花衣的人 －花衣中有素巾色彩	－適合素雅裝扮 －配色可協調可對比 －還須與絲巾同色配件	－高級配色 －花紋不同色彩須相同 －從兩色花紋入手

三、素絲巾配素衣服

個性較保守或在職場上必須傳達專業感的人，經常會用到這種搭配，整體給人較素雅的印象。配色方式或和諧、或對比，可以根據個人喜好與場合需求選擇，和諧配色低調柔合，對比配色則相對耀眼出眾。但基於色彩整合原理，身上除了絲巾之外，還必須有一兩樣與絲巾同色的其他配飾，如鞋、包、項鍊或耳環等，才能形成整合，讓整體的裝扮更為出眾。

四、花絲巾配花衣服

這是較高難度的搭配方式，服裝設計師向來喜歡此種特別的搭配，在高端 T 台演出中屢見不鮮。花配花如果做得好，顯得藝術又前衛，但萬一做得不好，就有淪為東施的可能。

這種令人又愛又怕的搭配，說穿了也沒那麼神祕，只要記住花紋不同，色彩必須完全相同；或相反的，色彩不同，則花紋必須完全相同。當然在搭配上還有面積比例、花紋比重與線條等更細節的規則，在此姑且不談，建議一般人從簡單的雙色雙花紋入門較為穩妥。例如黑底白點的衣服，配上一條黑白條紋的絲巾，或紅白格子的衣服，配一條紅白花紋的絲巾，兩種花紋的搭配使得整個畫面呈現活潑感，非常討喜。

絲巾可與飾品或服裝做色彩整合

100 絲巾不對稱才浪漫

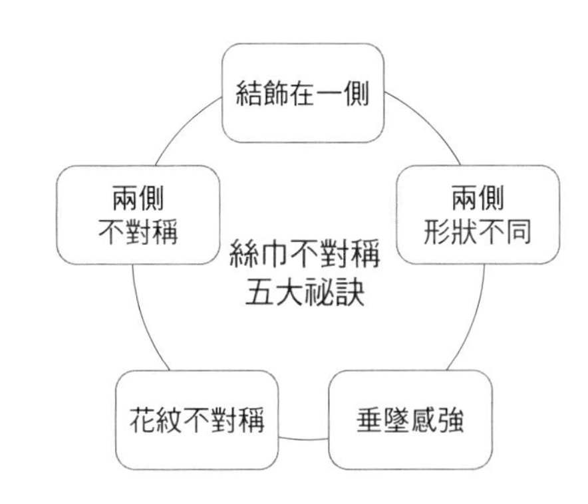

幾乎天天絲巾不離身的昀老師，對絲巾使用的最大堅持就是不對稱，絲巾一旦在身上對稱了，感覺便消失了。傳統絲巾造型多半是對稱式，蝴蝶結放置胸前正中間，披肩裹在肩上兩側一般長，以現代審美標準而言，略嫌呆版。其實絲巾最重要的特質便是浪漫，尤其春夏款絲巾，輕軟薄透，飄逸靈動，唯有不對稱造型，才不辜負絲巾的麗質天生。

以下五種方式能有效讓絲巾造型達到不對稱效果：

1. **將結飾放在側面**：這是絲巾造型的王道，所有結飾做好之後，必須移到側面，大多是放在肩部，而當放在頭、頸、胸、腰或臀部時，這個原則仍是雷打不動。

2. **兩側不等長**：許多絲巾造型完成後，末尾兩端都是自然下垂，不論是左右兩側，或前後兩側，務必將下垂的兩端盡量調整成為一長一短，才顯得生動。

3. **兩側形狀不同**：有些造型兩側原本較為對稱，例如圍裹式披肩，或雙 C 式長巾，盡量將這兩側調整成為不同形狀，如一側包裹在肩上，另一側微微露出肩部，既降低對稱感，也顯得更加感性。

4. 絲巾花紋設計不對稱：有時為了強調嚴謹保守形象，刻意要做一個典雅風的對稱造型，此時可以選擇花紋不對稱的絲巾，在視覺上降低對稱感，這也能解釋為何現今的絲巾設計，圖紋多半偏向不對稱。

5. 絲巾垂墜感越強越顯得不對稱：有些造型本身就是對稱，如放在胸前的高領式，或一些絲巾做成的內搭，或作為保暖的薄款披肩，此時面料的垂墜性，可以增添外輪廓的流動感，對於模糊對稱感有一定效果。

絲巾就是要不對稱才夠浪漫

101 用好絲巾五大關鍵

做過數百場絲巾沙龍的昀老師，除了為絲巾愛好者整理出「色彩整合」與「不對稱」兩大原則，在此更進一步提出用好絲巾的五大關鍵，帶領大家逐步進入絲巾的夢幻世界，期待假以時日，姊姊妹妹們都能晉升玩家之列。

一、由小到大

圍巾要用得好，首要條件是自在，小絲巾戴在身上並不惹眼，但大披肩因其面積與流動感，走到哪都是焦點，因此建議從小型入手，先培養使用圍巾的感覺，並訓練對外界豔羨眼光的承受力，漸漸就能由小而大，將圍巾的風情萬種自然展現出來。

二、由薄到厚

在學習初期，除了尺寸上的考慮，還應選擇質地較薄較軟較垂的圍巾，因軟質圍巾比較聽話，繫的結飾不會過大，且在身上較服貼；相反的，較厚較硬較挺的材質操作較費力，最好等掌控能力增強時再進階。

三、常做練習

一般人平常很少有機會使用宴會大披肩，建議先在家練習，尤其光滑面料在身上的滑動很難掌握，練習的正確方式是將禮服與高跟鞋都穿上，全副武裝，再披上披肩，來回行走，感受披肩的

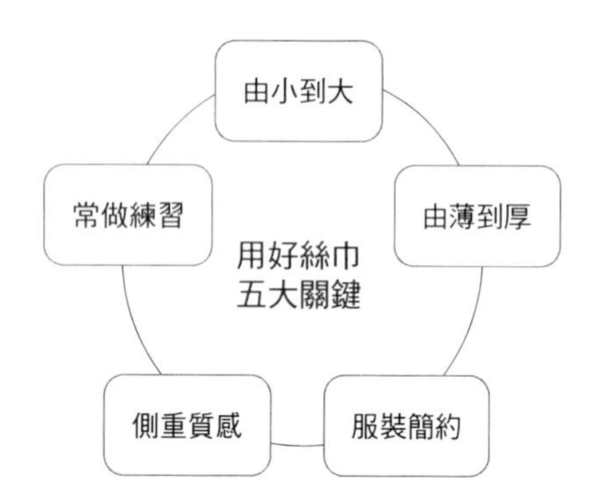

流動性以及如何應變，如此真正登場時，才能展現最優雅最自信的丰姿。

四、側重質感

圍巾是整體造型中的視覺焦點，必須鎖定高品質，價格高些也值得，因圍巾沒有過時問題，倘若保養得當，用一輩子也不會損毀，核算下來，單次使用價格大幅下降。因此在預算有限的情況下，寧可減少服裝預算，也不能降低圍巾預算，一身基本服裝在高檔圍巾襯托下，立即加分；相反的，高貴服裝因圍巾質感不佳而顯得降低檔次，得不償失。

五、服裝簡約

現代主流國際審美整體走向簡潔素雅，圍巾既是一種做加法的飾品，服裝應該越簡單越好。服裝本身裝飾越少，越能展現圍巾之美，如果服裝已有過多裝飾，圍巾難免淪為配角或蛇足，盡量選擇簡單大方的服裝，才能還圍巾一個高雅出眾的展現空間。

102 足下生姿——談女性鞋款

在全球狂飆休閒風的此刻，所有商務裝扮正式度都節節下降，包括職場女性的鞋款，也早已不如以往那麼受限，真是一大福音，即便如此，各種鞋款也還是各有講究。

舉世公認全包淑女鞋（pumps）最正式，是標準職場款，但實際上連昀老師自己都不愛穿，因為這種淺淺的全包高跟鞋穿起來並不舒服，也不太跟腳，剛開始學穿的年輕美眉在快步行走時，甚至有脫落的危險。

解決之道是選擇以下三種變異款，第一款是 T 字帶包鞋（T-strap），優雅秀氣，穿起來顯腳瘦，穩定度也高；第二款是瑪麗珍娃娃鞋（Mary Jane），年輕可

106 避免一比一——服裝長度搭配

喜歡變化或懂得穿搭的時尚玩家，多半擁有各式單品，上下裡外自由搭配，一衣多搭省錢又有趣，服裝不在多，玩出多種造型才是王道，為了提升大家的搭配能力，在此分享款型搭配的重要原則。

配款首要原則是避免一比一，原因是上下服裝等長顯得較呆板，雖然不必特別講究黃金比例，但盡量避免等長，除非形狀差異較大，如不對稱領型或裙襬；碰到接近等長的搭配，可人為製造不對稱，最簡單的方法是將上衣下襬部分納入裙或褲腰內，或將上衣一側收碎褶縮短，或乾脆換一件上裝或是下裝。

在不等長原則下，上下裝長度搭配有以下四類：

長短搭配與適合身材

上短下短	腿型姣好
上長下短	需要一定身高，腿型姣好
上長下長	身高較高的人
上短下長	幾乎所有人

一、上短下長

短上衣搭配長裙對所有女性而言都是最佳方式，可以改善身材上下比例，讓腿顯得更長，但搭配長褲對身材較有要求，因穿長褲臀線清晰可見，很難模糊比例，比較適合腿夠長的女性，除非選擇原本就破壞比例的低襠褲，追求個性與潮味，則不在此限。

二、上長下短

基本上長上衣需要有一定身高，長上衣搭配超短裙或短褲，是擁有美腿的年輕時髦女性專屬；長外套搭配及膝裙展現端莊形象，適合職場主管階層；超長上衣搭配窄腿褲在休閒時既輕鬆又舒適，大部分女性都適合。

短配短　短配長　長配短

三、上短下短

是職場女性最常使用的搭配方式，顯得年輕又有活力，短外套搭配及膝裙，通常是上下比約3：2，襯衣納入及膝裙，大致是3：5，看起來都十分合理。

四、上長下長

這款搭配很難避免一比一，而長外套搭配長褲卻是常見款式，建議將外套扣子打開，露出裡面襯衣色彩，或利用配件如絲巾或項鍊聚焦，都能模糊比例，此外穿靴子也能改變比例；至於長上衣搭配長裙，很容易壓個子，僅適合身材較高的女性。

長配長可以在上衣外添加皮帶

長配長可以將部分上衣納入褲腰

107 總有一處縮——服裝寬度搭配

服裝款型搭配除了留意長短比例，還得考慮寬窄，因此配款另一項重要原則便是選擇適合自己的寬窄搭配，其中有一項通則是全身上下總有一處縮小，也就是不建議寬配寬；至於哪個部位該縮小，按常理身材較苗條的部位服裝應偏向合身，較能展現美好曲線，身材較豐腴的部位服裝可以適度放寬，才能以模糊產生修飾效果。

在正式進入規則前，先複習一下服裝寬窄與身材之間的關係，寬大服裝究竟適合豐腴或是苗條的人，答案是苗條的人才適合寬大服裝，豐腴身材應選擇合身版型，才不會增大體積。因此接下來談到的寬窄原則，寬指的是比身材大的版型，窄指的是合身版型，並非緊身狀態。

上下裝寬窄搭配有以下四種組合：

寬窄搭配與適合身材

上寬下窄	下半身較瘦的人，蘋果型較適合
上窄下寬	上半身較瘦的人，梨形較適合
上寬下寬	較高較瘦的人
上窄下窄	特別窄：瘦的人 合身窄：豐潤蘋果型亦可

一、上寬下窄

適合下半身較瘦的人，一般說來，蘋果型身材都能穿出好效果，但特別豐腴的蘋果，上半身也不宜過寬；梨形身材女性，只要寬上衣長度蓋過大腿較粗處，也能穿出好效果。

二、上窄下寬

適合上半身較瘦的人，對臀圍較寬的梨形身材女性而言，特別能揚長避短；較苗條的小蘋果，選對款式，只要不特別彰顯腰圍，穿起來也不錯。

三、上寬下寬

最危險的搭法，一不小心就會變矮變胖，瘦高的人比較適合，或至少露出來的部分必須較瘦，如手腕與腳踝較細，頭臉較小或頸部細長的人也較討好。

四、上窄下窄

假使是特別窄，只有身材特別苗條的人才能穿，但是合身版型身只要是臀圍較窄的蘋果型，不論胖瘦都適合。

窄配窄

寬配窄

窄配寬

寬配寬

108 順搭 vs. 混搭

經常被問到如何穿出時尚感，這些年昀老師的回答多半是必須學會混搭，混搭風起源甚早，但大約在二十年前，才真正躋身流行大潮，可是直至今日，仍有不少人弄不清何謂混搭，以為混搭只不過是亂穿衣罷了，其實真正的混搭，甚至成功的、精采的混搭需要高度技巧，在此一次為大家解惑。

首先何謂「混搭」，必須從對照組「順搭」說起，顧名思義，順搭是將風格一致的服飾穿搭在一起，而風格組成要素包括線條、形狀、質感與精緻度等，簡單說就是直線配直線，曲線配曲線，方形配方形，圓形配圓形，光滑配光滑，肌理感配肌理感，精緻配精緻，手作感配手作感，如此看起來畫面和諧又舒服；然而混搭刻意打破這些相似感，以相反元素創造所謂衝突美感，甚至將不同時代與地域的流行單品任意組合，將穿搭變成創作行為，充分展現自我。

因此在八型風格中，以藝術變化型最為擅長，這類人天生不受拘束，喜歡在各方面展現自己的想法，且頗有創意，四型風格中的個性型也具備同樣特質。

順搭 vs. 混搭

順搭	混搭
經典風格	個性風格
較為低調	較為搶眼
適合職場	適合社交與休閒
展現優雅與保守	展現創意與時尚
風格相近	風格相異
線條形狀材質相近	線條形狀材質相異
同時代同地域	跨時代跨地域

經過二次創作後的造型，充滿自我風格，出現在保守職場必然不太合適，於是成為創意工作者專屬，但在社交或休閒場合，所有人都可以試著混搭，享受玩衣服玩配飾的樂趣，並提升時尚感。

相較於順搭，混搭有一定風險，如何提升混搭的成功率，是下一個重要課題。

順搭 vs. 混搭

109 混搭藝術

在開始學習混搭時，可以從三個不同維度入手，最常見的是雌雄同體，將中性感與女性化的單品混合穿著，例如牛仔夾克搭配碎花長裙，小皮衣搭配雪紡寬襬裙，綴滿蕾絲的維多利亞風上衣搭配工裝褲等；其次是正式配休閒，如商務西裝搭配牛仔褲，晚宴感十足的亮片窄裙搭配運動衛衣；最後還可以玩玩經典款與藝術款的合奏，如經典女性化圍裹式洋裝搭配長背帶流蘇嬉皮袋，經典卡其色斜紋布風衣搭配愛斯基摩雪地靴等；總歸一句話，在混搭的世界，一切皆有可能。

至於究竟如何才能成為精彩混搭，在此放大三倍音量，第一要務是色彩整合，色彩整合，色彩整合，無論怎麼混，身上的單品必須做到色彩整合，也就是有同樣色彩重複出現，才能亂中有序，不致超出人類視覺耐受力；其次是假使能適度遵循前文提到過的搭配基本原則，長短寬窄款型搭配合宜，看起來較為順眼；第三，整個人必須時尚感滿滿，他人才相信你是在玩混搭而不是穿錯衣，因此髮型妝容必須夠時尚，配件如包與鞋也必須夠時尚，時尚度越高，越有說服力。

混搭藝術

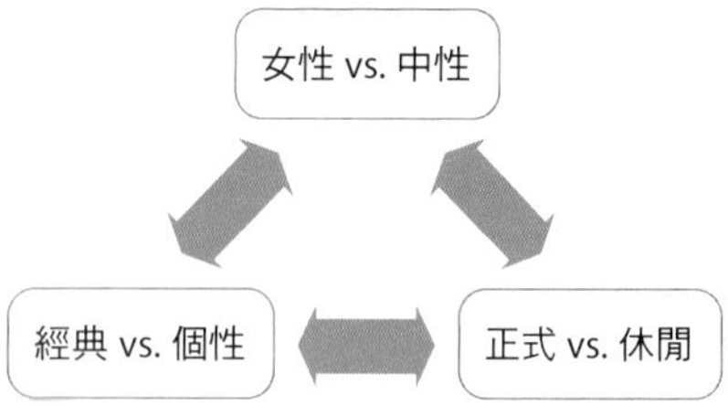

女性 vs. 中性

經典 vs. 個性

正式 vs. 休閒

成功混搭元素

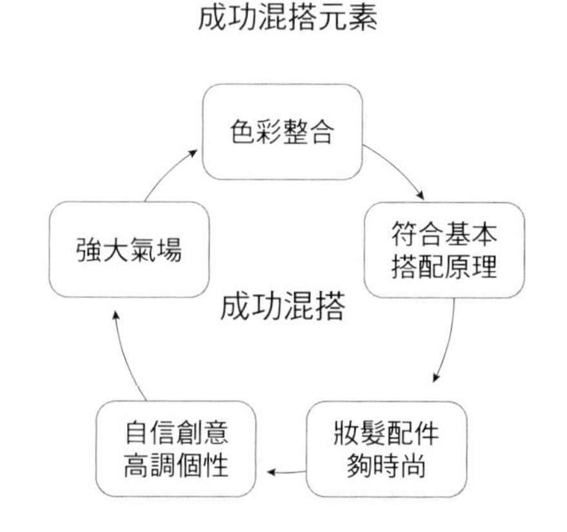

最後，其實也是最重要的，請培養出時尚玩家的大心臟，內在自信滿滿，有勇氣在各方面自我表達，不必從眾，混搭正是為了表現自己的想法與創意，每一次混搭都是一次創作，每一身造型都是一件藝術品，帶著這樣的想法，昂首闊步走進每一個場合，享受眾人讚嘆的眼光，這就對了！

第七章

男性服裝配飾

110 美英義式西裝大比拚

西裝主要款型有幾大類，必須從西裝製作源頭說起，講究的男士公認全世界最好的西裝生產地是歐洲，英國向來有優秀的西裝製作工藝，加之以皇室的精緻品味與需求，讓大多數人挑不出毛病；義大利西裝也很有口碑，但義大利男士講求修飾身型，因此西裝版型較為貼身，只適合身材修長的男士；法國向來是時尚之都，男裝也帶有較高的時尚感，但卻因此被講求傳統的男士抱怨，認為法式西裝版型不夠經典；美國並不以服裝工藝著稱，但因為大量製作男裝成衣，也創造出屬於美國風格的西裝款型。目前廣為周知的款型有以下四種：

A. 美國袋式或長春藤式西裝（American Sack）

早期在美國長春藤盟校流行過一陣子，特徵是整體呈袋狀，肩型自然，幾乎沒有腰身，單排扣，可以想像這樣的西裝無法展現好身材與高品味，但因寬鬆的式樣能適應各種不同身材，因此早期成衣西裝量產時，極容易普及，目前穿著這款西裝的男士越來越少，連最初製造的美國品牌布魯克兄弟（Brooks Brother）都放棄了，這個款型除舒適之外，優點不多。

B. 改良美式西裝（Updated American Style）

在 A 款中添加自然墊肩，腰線略做收攏，但袖孔仍然夠大，適合各種不同身材，這兩處變革已經讓穿著者身材得到些許修飾，且依舊適合成衣製作，因此成為相當普及的成衣西服款式。適合較壯碩或圓潤的男士。

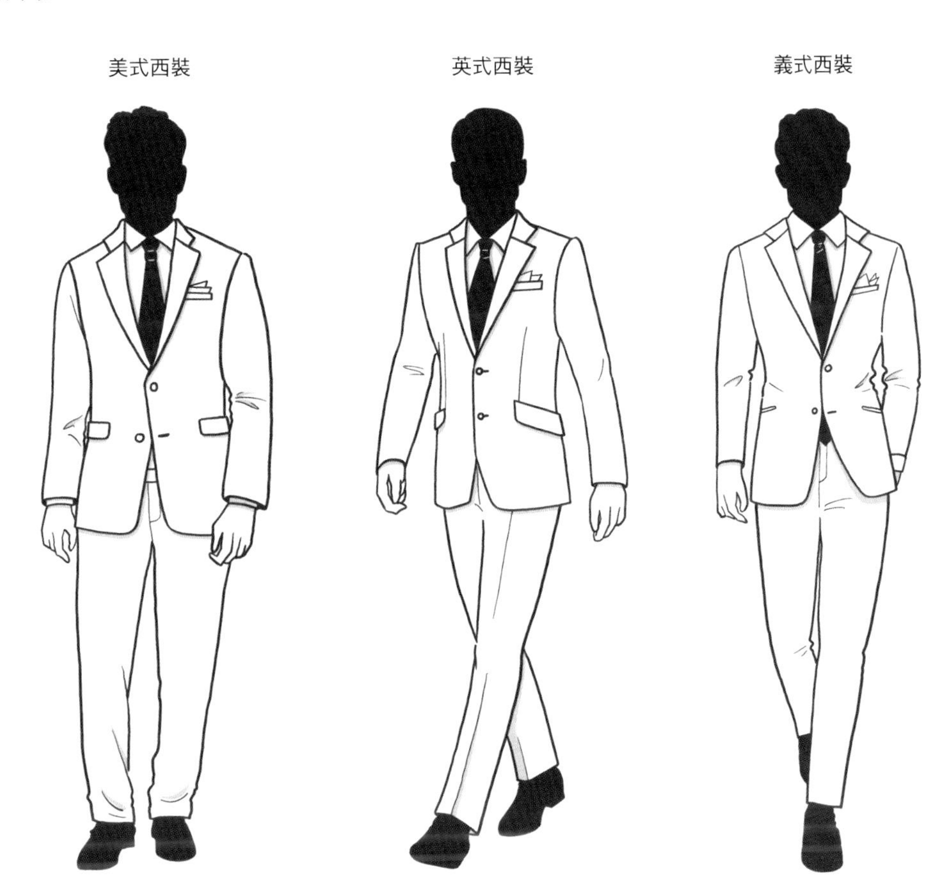

C. 英式西裝（English Style）

英式西裝最重要的特性在垂墜，早期的高級訂製店裁縫發明一種特殊剪裁，在前胸與肩幅多加了一吋布料（the drape），墊肩較厚結構明確，胸部有稍厚的襯布，使得胸前呈現自然飽滿感，很能彰顯男子氣概。袖孔較高，袖子順著往下微收，袖口有四顆真實開扣洞的活扣，稱為外科醫生袖口。腰部略收攏，腰線柔和，微微下垂，領駁接縫略低，左右各有一個有蓋口袋，而且右邊口袋上方多了一個較小的同款車票袋，現在雖然無實際功能，但看起來稍有提高腰線的效果，後片開雙衩，便於行動。適合中等身材與較高壯的男士。

西裝四種款型

	美式常春藤	改良美式	英式	義大利式
特色	寬鬆舒適	適合成衣 略合身	結構明確 較合身	結構自然 特別合身
肩	薄墊肩	墊肩略加厚	墊肩較厚	微翹肩線 自然肩型
胸	自然	自然	多一吋布 襯布較厚	幾乎無襯
腰	無腰身	略有腰身	有腰身	腰身明顯
袖子	袖孔大 袖子寬	袖孔較小 袖子略窄	袖孔較高 袖子較窄 袖口 4 顆活扣	袖孔更高 袖子更窄
領駁接縫	較低	較低	較低	較高
口袋	有蓋	有蓋	有蓋 多一個車票袋	無蓋
後片開衩	單衩	單衩	雙衩	無衩
適合身材	圓潤、壯碩	圓潤、壯碩	中等至高壯	中等至瘦小

D. 義大利式西裝（Italian Style）

義大利式西裝的特點是俐落有型，那布勒斯與羅馬兩個男裝之都各有所長，前者有部分品牌在肩袖交接處略微提高了袖子，使得肩形正面呈現微凹線條，十分戲劇化，但大多數義式西裝只有薄墊肩甚至沒有墊肩，衣身結構較鬆，有較多自然垂墜與褶痕。收腰很明顯，袖子也較窄，領駁接縫略提高，有增高身高的效果，口袋無蓋，後片無開衩，順著臀部緊貼而下，精瘦窄臀穿起來最好看。適合中等身材與偏瘦的男士。

111 單排扣西裝

西裝前襟型式有兩大類，一類是單排扣，另一類是前襟交錯面積較大的雙排扣。單排扣算是基本款，雙排扣隨著潮流來來去去，在此先談談單排扣西裝，按照扣子數目可分為以下四款。

兩扣款

兩扣款可稱為最傳統的經典款，多年來屹立不墜，這種款型人人都能穿，沒有任何身材限制，兩扣中的第一顆扣子剛好在腰線上，男士站立時必須扣上，以便將腰身顯示出來，坐下時將扣子解開，避免緊繃，第二顆扣子則通常不扣。初入社會剛開始穿西裝的年輕人，必須熟記西裝扣子六字訣：「坐下解，起立扣」，並不斷練習，直到變成反射動作，就不必擔心犯錯了。

三扣款

三扣款隨著時尚有時也會成為主導款型，習慣上扣上面兩顆，最下面一顆解開，這種款型Ｖ區（前襟上方露出Ｖ字形部位）較短，扣起來合攏的部位較長，適合身材苗條的年輕男士，中圍較豐滿的人有時穿起來稍嫌侷促，此時將第一顆扣子也解開可稍微緩解，但看起來較不正式。

單排扣西裝

一扣
- 適合禮服款
- 小個子可略提高
- 圓潤的人注意開襟
- 須能合攏

兩扣
- 基本商務經典款
- 通常只扣上面一顆
- 坐下解、起立扣

三扣
- 也適合商務
- 適合身材適中的人
- 最下一顆不扣
- 如有點緊，最上一顆也可不扣

四扣
- 適合高䠷的人
- 時尚款
- 適合社交與休閒

四扣款

四扣款從來沒有成為主流款，只能算是時尚變化款，因 V 區短衣身較長，不適合豐滿的人，也不適合臉大頸粗的壯碩男士，身材不夠高穿起來可能顯得身長腿短，因此比較適合身材修長的人。此外這種款式在職場上顯得不夠正式，比較適合休閒場合或從事創意與時尚工作的行業。

一扣款

一扣西裝比較少見，較常見到使用在正式禮服，搭配細長的絲瓜領，顯得十分優雅。因 V 區較長，適合有一定身高的男士，小個子可以將扣子位置略為提高，身材較圓潤的男士也要小心，因為在扣子之下的部分較易被撐開，密合度不及兩扣款，總之此款較適合身材適中的男士。

112 雙排扣西裝

雙排扣西裝多年來一直在時尚大潮中載浮載沉，由於它的隆重感，前些年正當休閒風大盛之時，退燒了一陣子，但近年來又有興起的態勢，畢竟男裝款式較少，品牌貨架上只陳列著單排扣西裝還是略顯單調，因此即便不屬於基本款，對於喜歡變化的男士，仍是一種不錯的選擇。

雙排扣西裝因前襟設計與扣子數目的不同，可以分為以下四種款式，名稱以扣子數來顯示，第一個數字是扣子總數，第二個數字是扣起來的扣子數。扣子數越多顯得越正式，一般以六顆最常見，也有少數四顆或八顆款。

六乘二款（6x2）

這個款式總共有六顆扣子，排列成上大下小的馬丁尼杯形狀，最上面一排的兩顆扣子間距較大，僅用來裝飾，下面兩排扣子間距較小，是有開扣洞的真實扣子，這是最為經典的雙排扣形式。平時站立時，下面兩顆都扣起顯得較為嚴謹與正式，最下面

雙排扣西裝

六乘二	六乘一	六乘三	四乘一
－常見基本款	－較少見到	－時尚款	－較不正式
－較不適合瘦小身材	－V區很大效果不佳	－V區窄而短	－適合瘦小身材
－全扣顯得較嚴謹		－適合身材高眺的人	－V區不宜太低
－下面不扣較灑脫			

一顆不扣顯得較為瀟灑且休閒。身材較矮小或過胖的人都不適合此款，身材高眺或高壯的男士都穿起來最能展現優勢。

六乘一款（6x1）

依然是六顆扣子，兩列扣子從上至下呈現上大下小的梯形，上面兩組都是裝飾用，只有最下面一組是真扣子，這個款型V區很長，略顯鬆垮，被很多講究的男士所嫌棄，認為線條不夠優雅，也不具備修飾身材的效果，因此較為少見。

六乘三款（6x3）

偶而能見到這種有趣的時尚款，兩列扣子平行，兩兩一組都是真實扣子，穿的時候僅扣上面兩組，最下面一顆敞開，此款V區較窄較短，可想而知只適合身材修長高䠷的男模。

四乘一款（4x1）

四乘一款的雙排扣據說最初是溫莎公爵為了修飾自己不夠高的身材所做出的特殊版，將翻領稍微拉長，最上面的鈕扣相對位置仍然很高，如此可達到修飾身材的目的。但現在有些仿版的四乘一款西裝，翻領拉得過長，鈕扣位置很低，顯得身材更矮，是一種東施效顰的失敗款型。

只適合窄臉細頸身材較苗條的男士，寬領駁則適合大臉與較壯碩的身材。身材不夠高的男士，建議將領駁接縫略為提高，如義式西裝的剪裁，有略為增高的效果。

腰線

西裝腰線位置大約在整件西裝的中間，但有時為了修飾身材，一些訂製西裝刻意將腰線稍微提高一點，會讓人顯得高䠷。在購買成衣西服時，要注意腰線位置不宜過低，低腰線讓人變得更矮。

適度收腰使得身形較佳，但收腰線條必須柔和，不宜過分誇張，過分強調腰圍使得男士身形看起來十分突兀。

西裝三種領型

平駁領
－商務西裝基本款
－優雅專業
－領駁接縫略提高可
－讓人顯高

槍駁領
－雙排扣常用
－禮服也會用到
－個性時尚

絲瓜領
－小晚禮服領型
－平常很少用到

西裝三種後背開衩

單衩
－美式西裝常見
－太緊會岔開

雙衩
－英式西裝常見
－太緊會整片翹起

無衩
－義式西服常見
－太緊會有皺紋
－適合較窄的臀部

114 西裝三種正式度

商務西裝（Suit Jacket）

商務西裝面料大多是毛料，高價版採用高紗支（紗線較細）精紡羊毛，中價版採用羊毛與化學纖維滌綸（聚酯纖維，polyester）的混紡材質，供年輕人初入職場穿著的低價版則採用仿毛的滌綸製作。精紡毛料垂墜度佳，順著人體而下顯得格外服貼，適合身材壯碩圓潤的人，至於化纖西裝比較硬挺，更適合削瘦身材。

基本上只有兩種色系，灰色系與藍色系，顏色越深顯得越正式，黑色原本是準禮服色彩，用於婚喪典禮與晚宴，但近年來時尚界大力推廣，在許多不十分嚴謹的行業已經被接受，但在正式商務場合仍不建議。

商務西裝大多為素色，此外還有條紋與格紋，條紋從很細的針筆紋到稍粗一點的鉛筆紋到最粗的粉筆紋，條紋間距不宜過大；格紋是指很細的線條，格子不會過大，格子越明顯越不正式。

休閒西裝（Sport Jacket，Sport Coat）

休閒西裝面料十分多樣化，夏季有麻與棉，歐洲人獨鍾麻料，認為易皺的麻料連皺紋都是一種有品味的皺，棉布除了常見的斜紋棉布，還有一種稱為泡泡紗的材質，在美國十分流行。絲質西裝因為發亮，顯得過於華麗，僅限演藝界人士穿著。秋冬季有較厚的棉製品、燈芯絨以及粗紡毛料如法蘭絨，與商務西裝的精紡毛料不同的是，粗紡毛料肌理感強，看上去有點凹凸不平。

商務西裝

用色上幾乎沒有限制，除了灰與藍，大地色系如咖啡色、卡其色與橄欖綠等，一向是經典男士休閒裝色彩，甚至鮮豔色或粉彩色系，近年來也加入休閒西裝行列。

花紋方面條紋與格紋放大了許多，各式各樣格紋都很適合，毛呢料織紋種類繁多如人字紋、鳥眼紋、鯊皮紋與千鳥紋，增添不少趣味。

金屬扣休閒西裝（Blazer）

休閒西裝家族中有一款正式度最高的類型，稱為Blazer，起源於牛津大學帆船隊服的金屬扣休閒西裝，絕大多數是海軍藍，偶而以見到森林綠，毛料居多，特點是使用有海軍圖案的金屬扣。

常見搭配淺灰或卡其色長褲，長褲面料越正式，整體相對越正式，有時甚至可搭配牛仔褲，呈現一種混搭感。

休閒西裝

男士西裝類型與正式度

Suit Jacket 正式西裝	Blazer 金屬扣西裝	Sport Jacket 休閒西裝
最正式	次正式	最休閒
骨質同色扣子	金屬扣子 左口袋有徽章	不限
整套穿	單件配套穿	單件配套穿
灰色藍色為主	素色為主	各種顏色與花紋
精紡羊毛	毛料居多	各種面料
搭配商務襯衫	搭配各種上衣	搭配休閒上衣
須打領帶	可打也可不打	較少打領帶

金屬扣休閒西裝

115 西褲腰頭與腹部款式

對西裝褲的深刻印象來自於童年，父親身材胖，肚子尤其大，但非常講究穿著，他一生應該說是後半生，除了西裝褲，沒有穿過其他褲子；然而胖子的西裝褲只能有兩種形式，一是將腰圍提高到肚子之上，腿變超長，一是將褲腰掛在肚子下，腿變超短，講究紳士派頭的父親自然是前者，因此他的每一條西裝褲都是可愛的紅酒杯款。

男士西褲看似變化不大，但仍然有許多細節上的差異，可以根據個人體型與喜好選擇，先來看看其中最基本的兩項。

腰頭款式

西褲腰頭主要有三種款式，一種是在腰帶上縫有皮帶環的基本款，需要搭配皮帶穿著，褲腰高度落在自然腰部。另一種腰頭沒有皮帶環，腰頭背面略為提高，在中間縫有兩粒鈕扣，正面腰頭在兩側（約腿中線位置）各縫有兩粒鈕扣，這種六粒隱藏扣款是專為搭配背帶設計，對於腰圍豐滿的男士來說，皮帶腰頭很難找到合適的腰線位置，且繫皮帶也顯得格外侷促，因此特別適合使用背帶。當然背帶並非只為了舒適，許多時尚人士也偏好這樣的款式，因背帶作為裝飾可以有許多變化。

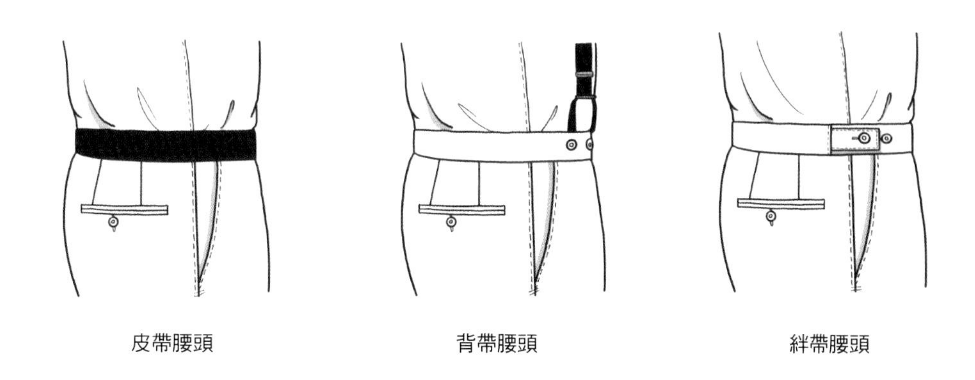

皮帶腰頭　　背帶腰頭　　絆帶腰頭

要注意的是有些人在皮帶腰頭款西褲上使用夾式背帶，這樣的穿法顯得不夠精緻，不建議在正式商務裝扮中使用，休閒或時尚穿法則較無所謂。第三種非主流款是完全不需要任何配件，腰頭上沒有皮帶環，內側也沒有扣子，腰帶兩側有調節絆帶，可微調鬆緊度，這款腰頭較適合身材標準的男士。

腹部款式

西褲腰頭之下的腹部也有兩種處理方式，一種是沒有褶子的平板式剪裁，另一種是兩側各有一至兩個褶子的打褶款，腰下打褶與否主要與長褲寬窄有關，寬版西褲適合打褶，窄版不適合打褶，經典的中等寬度則兩種皆可。此外平板式西褲適合身材標準的男士，顯得挺拔有型，打褶款則不論過胖或過瘦都可以達到修飾效果，較瘦的人可藉著褶子增加身體分量，較重的人則更加舒適且便於行動。

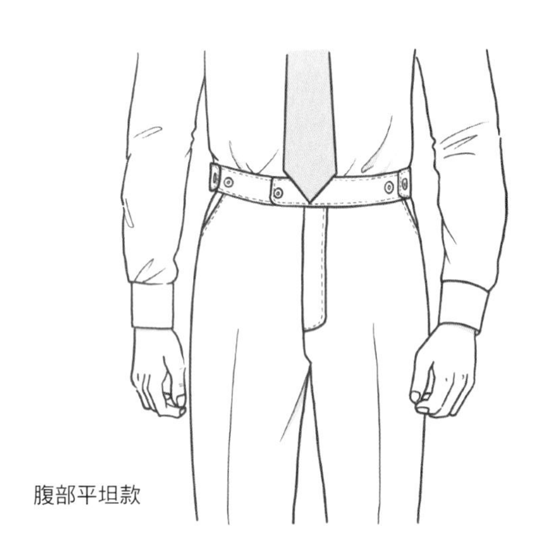

腹部平坦款

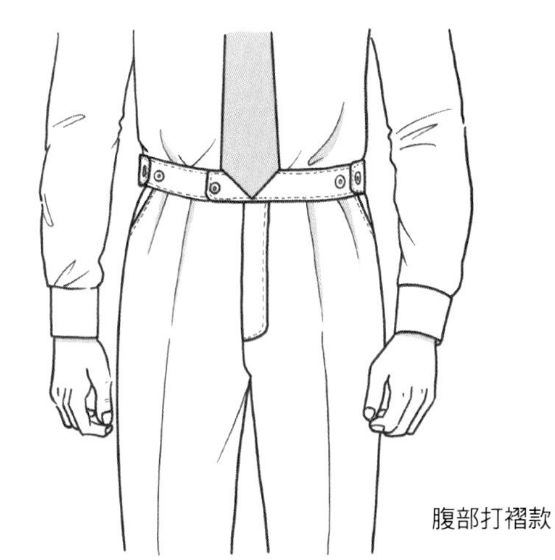

腹部打褶款

西褲三種腰頭款式

皮帶款
－基本款最常見
－搭配正式度合適的皮帶
－適合中等身材

背帶款
－平常較少見到
－禮服長褲基本款
－使用背帶
－講究穿搭的人常用
－適合腹部圓潤的人

無環款
－較少見到
－無須任何配件
－兩側有調整絆帶
－適合身材標準的人

西褲兩種腹部款式

打褶款
－適合略寬的褲管
－較舒適
－適合較圓潤的人
－很瘦的人也適合

無褶款
－適合較窄的褲管
－適合身材標準的人

116 西褲長寬與褲腳款式

考古一下西褲的歷史，最早的西褲褲管很寬，屬於大直筒款，極為舒適且行動方便，到上世紀五、六〇年代，略為縮窄，七〇年代曾有過短暫解放，從小喇叭、大喇叭到闊腿褲百花齊放，八〇年代回歸主流，褲管再度縮窄，變成略為上寬下窄的形式，從此西裝褲的形式大致維持不變。

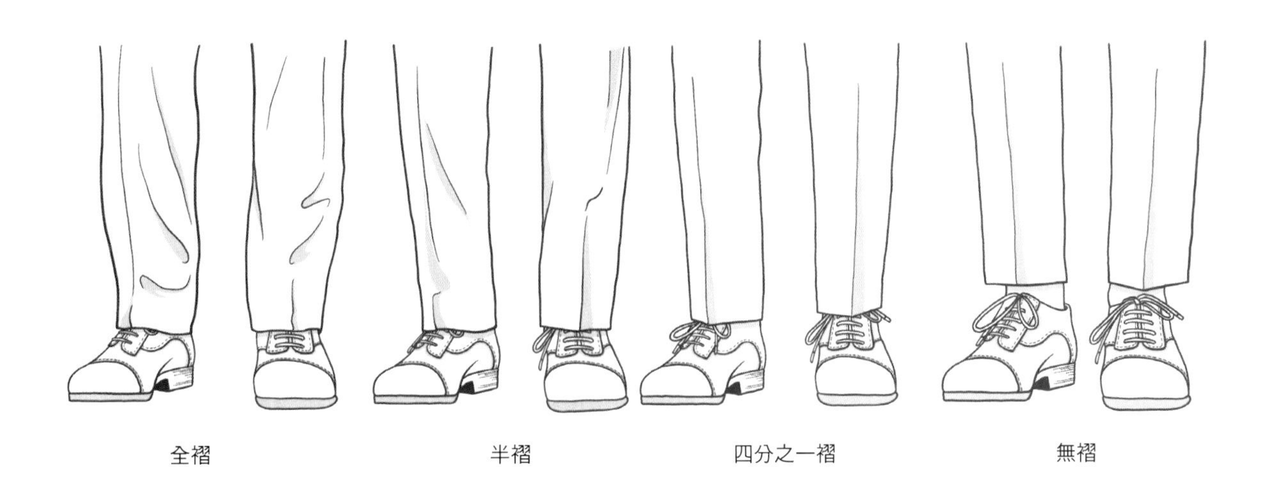

全褶　半褶　四分之一褶　無褶

褲腳反褶

褲腳無反褶

由於褲長與褲管寬度成正比，褲管越寬長度越長，褲管越窄相對越短，近年來流行較窄的款式，因此褲長普遍縮短。以目前流行的窄管西褲做分類，長度有四種，依序是全褶（full break）、半褶（half break）、四分之一褶（quarter break）與無褶（no break）。

此處所謂褶，是指褲管落在鞋面上在腳踝處形成的褶痕，全褶最長，褲腳蓋住鞋面將近四分之一，褲腳有明顯褶痕，較寬的西褲都是全褶，看起來穩重大方；半褶褲腳仍有小部分蓋住鞋面，看不見襪子，褲腳有些許褶痕，較窄的西褲多為半褶，顯得年輕有活力；四分之一褶適合更窄的

西褲四種長度

全褶 full break	半褶 half break	四分之一褶 quarter break	無褶 no break
－蓋住鞋面四分之一	－蓋住鞋面小部分	－觸及鞋面邊緣	－在鞋面之上
－適合較寬的褲管	－適合較窄的褲管	－適合更窄的褲管	－適合最窄的褲管
－經典優雅	－年輕有活力	－休閒時尚	－更休閒時尚
－正式商務裝	－商務休閒裝	－休閒或創意職場	－時尚人士

西褲兩種褲腳款式

反褶款	無褶款
－適合略寬的褲管	－適合較窄的褲管
－增加垂墜感	－無須垂墜
－橫線略為截斷腿長	－無截斷不影響腿長

褲子，褲腳剛好落在鞋面邊緣，已經幾乎沒有褶痕，稍一行動襪子就會露出，這樣的西褲顯得更加時尚，只適合較休閒或創意類職場；最後無褶，長度只到腳踝附近，鞋子全部露出，襪子也很明顯，此款已經不在正式西褲範圍，只有休閒西褲才會有這樣的長度，適合時尚人士穿著。

與寬度相關的另一項細節，就是西褲褲腳款式，一種是褲腳反褶大約五公分，另一種是沒有反褶的設計，一般說來，寬版長褲較適合反褶，因褲腳布料加重可以增加垂墜感，線條顯得更為明確；曾有一個說法是這條反褶痕會對腿部不夠修長的男士更加不利，但由於面料與色彩相同，褶痕其實並不明顯，視覺截斷影響並不大。窄版西褲由於褲長較短，且較無垂墜必要，因此不需要反褶，目前流行的略窄西褲兩種款式都能見到，可視個人喜好選擇。

117 西褲——正式款 vs. 休閒風

由於休閒風興起，商務裝開始鬆動，與休閒裝發生融合，於是從西裝到西褲都有了所謂休閒版，在面料、色彩、花紋與合身度方面都有很大變化，男士們必須了解二者之間的差異。

正式西褲

正式西褲與商務西裝成套，因此面料與西裝完全相同，大多是精紡毛料與混紡毛料，版型是略呈上寬下窄，整體寬度隨著基本款型與時尚趨勢有一些變化，為了與西裝和諧搭配，美式西褲褲管較寬，英式褲管較窄，義式更窄。多年前曾經流行過寬版西褲，但近年來的褲型趨向較窄；而褲長與褲管寬度息息相關，褲管越寬長度越長，褲管越窄長度越短，但正式西褲的寬窄長短仍有一定限制。更重要的是合身度，西褲必須是完全合體，太緊太鬆都視為品質或品味不佳。

休閒西褲

休閒西褲面料與休閒西裝一樣，種類繁多，毛呢、燈芯絨、斜紋棉布與麻質都有，按季節搭配。色彩方面一般男士較偏好黑色、深藍、灰色、卡其色、咖啡色與軍綠色等，也有少數其他特別色彩如鮮豔色與粉彩色；款式以及合身度與正式西褲相仿，為了維持一定的商務感，且與休閒西裝和諧搭配，不能有太大變化。

休閒褲

男士休閒褲幾乎百無禁忌，隨著時尚潮流起伏，從極窄的鉛筆褲到近兩年流行的極寬版闊腿褲，都能見到，隨個人喜好在私領域中穿搭，而其中版型較中規中矩的直筒牛仔褲與卡其褲，仍然能與休閒西裝搭配，在最輕鬆的商務休閒場合出現。

西褲三種型式

正式西褲	休閒西褲	休閒褲
－搭配正式西裝	－搭配休閒西裝	－部分可搭配休閒西裝
－精紡毛料混紡毛料	－各種面料	－各種面料
－深藍、深灰	－中性色為主	－各種顏色
－長度寬度常規	－長度寬度常規	－各種長度寬度
－謹守合身度	－謹守合身度	－合身度放鬆

118 商務襯衫基本方領

談到職場服裝的舒適度，不免對男士有些同情，男士正式商務裝扮中有一項特別不舒服的單品，便是襯衫，昀老師多年來連女版襯衫都不願意穿，就為了解放頸子的拘束，然而嚴肅職場男士天天都得穿著硬挺的襯衫，再繫上領帶，真是難為了他們。

男裝襯衫分為商務與休閒兩大類，區別就在於領片下貼著頸子的領襯，休閒襯衫領襯軟且低，有些甚至沒有領襯，因此穿起來輕鬆舒適，而商務襯衫（dress shirt）領襯又高又硬，是專為領帶服貼而設計，舒適度相對較低。

襯衫設計有幾個重點，其中最重要的當屬領型，因為它包覆著部分頸子並且在臉的正下方，幾乎等同於面孔的相框，對臉型與頸部修飾至關重要。商務襯衫領型除了基本的方領之外，還有幾種變化領型，在此先介紹基本方領。

這是襯衫領型中最普遍的款式，一般人穿得最多，同樣是方領但領子的角度長度寬度各有不同，學問很大。不同領型適合不同臉型與頸型，記住中庸原理就錯不了，標準領適合所有的不同臉型與頸部條件，尖領與寬領類似，都不適合臉太窄或太寬的人，臉型偏向中庸的人才能穿極端領型。

方領可分為以下四類：

1. **尖領**：領子夾角小於九十度，領子較為細長，搭配較瘦的領帶結才好看。尖領給人一種較為精緻的感覺。
2. **標準領**：領子夾角大約九十度，領子長寬適中，是所有領型中最常見的款式。顯得格外穩重保守。

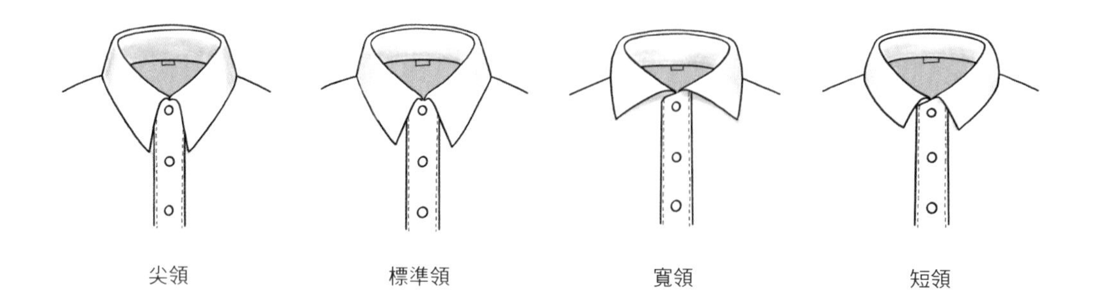

3. **寬領**：領子夾角大於九十度，有些甚至大到超過一百五十度，超大款稱為溫莎領，必須搭配大的領帶結才相稱，寬領近年來很流行，穿的人較多。超大寬領顯得很正式，適合搭配雙排扣西裝。

4. **短領**：領片長度縮短，領子寬度也減少，看起來顯得小而方，這種領型較為少見，領帶結也不宜過大。短領給人一種年輕有活力的感覺。

方領四種類型

尖領	標準領	寬領	短領
－夾角 >90 度	－夾角 =90 度	－夾角 >90 度	－夾角 =90 度
－領片較細長	－基本款	－領片較寬	－領片較短
－領帶結宜窄	－領帶結標準	－領帶結宜寬	－領帶結宜較小
－適合標準臉型	－適合所有臉型	－適合標準臉型	－臉大較不適合
－優雅精緻	－專業可靠	－時尚有型	－年輕有活力

119 商務襯衫變化領型

在男裝訂製店中，除了各種服裝面料與樣衣之外，還有些細節部位的樣品展示，最有趣的就是各式襯衫領型，通常陳列在大盒子內，顧客訂製襯衫時，拿出來一一套在頸部比對；千萬不要小看領型，除了可以修飾臉型，還有正式度與風格的差異，以下將介紹基本方領以外的其他常見款式。

扣領

扣領主要設計目的是避免領片翹起，因此添加兩顆小鈕扣，位置在襯衫領片尖端，穿時務必將扣子扣好，假使忘記扣，會給人一種太過隨便的印象。這是商務襯衫中最休閒、最適合不打領帶的款式，只要將最上面的扣子鬆開，瞬間休閒感大增，適合搭配休閒西裝，但雙排扣西裝不宜。

近年還流行另一種扣領，扣子採隱藏式，藏在領尖下方，從外表看不見，純粹是為了防翹，這款設計主要是針對較講究的男士，確保領尖服貼，由於已失去小扣子的休閒感，因此正式度較高，更適合打領帶。

圓領

襯衫領尖修剪為圓角，屬於復古風，此款式並不常見，一般人覺得圓角有點不夠男性化，較適合展現親和力的職場與柔和型風格的男士。

立領

立領原本不屬於商務襯衫範疇，自從休閒風吹起，願意打領帶的男士越來越少，其他商務襯衫少了領帶，總覺得造型不夠完整，唯有別具一格的立領，原本就不需要領帶，因而獲得更多人青

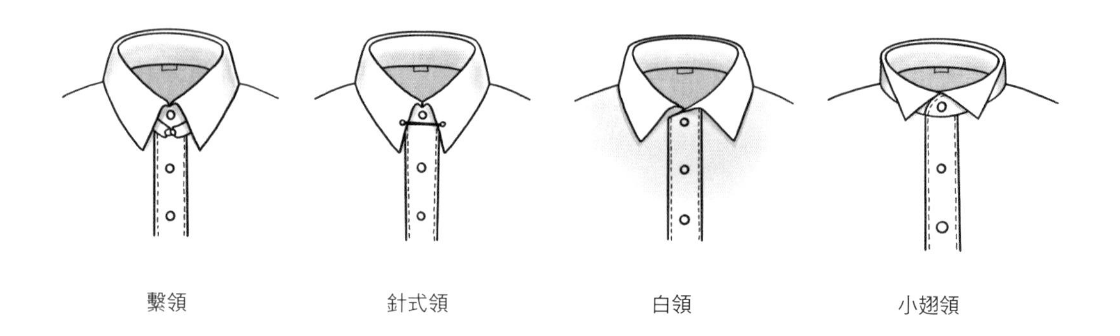

袖口款式

襯衫袖口型式有兩種，一種是大部分襯衫採用的鈕扣式，又稱為桶式，直接以鈕扣扣上，穿起來很方便，屬於大眾化實用款。

另一種稱為法式袖，在袖口縫上一層較長的布，做成外翻款式，沒有鈕扣，在兩邊各開一個扣眼，必須用袖扣連接才能合攏，講究穿著的男士多半喜歡這種款型，可以展示他們精心挑選的袖扣。法式袖絕對不能搭配扣領襯衫，因為正式感過於衝突。

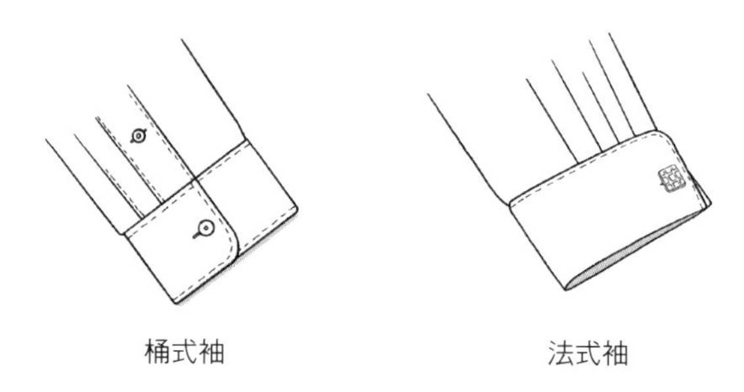

襯衫四種正式領型

繫領	針式領	白領	小翅領（翼領）
－領尖格外服貼	－領尖格外服貼	－講究品味男士專用	－白色禮服款
－優雅講究	－更優雅講究	－須細心維護	－胸前可有細褶
－搭配正式西裝如雙排扣或深色細條紋款	－適合正式社交場合	－搭配槍駁領或雙排扣西裝	－黑色裝飾扣
			－搭配小晚禮服

121 襯衫面料色彩花紋

男裝襯衫除了領型與袖款，還有許多細節需要了解，在此一一詳述。

面料

最好的襯衫面料非棉質莫屬，有些相當高級的棉如埃及棉與海島棉，紡出細緻紗線，襯衫一般多為八十至一百四十支紗，紗支數越高，製成的襯衫手感越細膩，當然價格也不菲，但紗支越高相對越不耐穿，因此也不能一味追高。純棉襯衫容易皺，洗完之後必須精心熨燙才好看，穿上身也會在彎曲處形成皺紋，但這種自然皺也有不少紳士不太在意。嫌麻煩或是預算較低的人，會選擇較便宜的滌棉混紡面料，好洗免燙，比較實用。

麻質或絲質襯衫屬於休閒襯衫，麻質鬆爽易皺，流露出頹廢美感，極適合度假或有藝術氣質的男士，絲質柔順華麗，一不小心就穿成花花公子，演藝界男士比較適合。

色彩

不同於商務西裝的越深越正式，商務襯衫是越淺越正式，白襯衫算是基本色，尤其是較為保守講求專業的行業，需要給人一種可信賴的印象，最適合白襯衫。細看白襯衫有兩種不同的白，一是純白，適合冷色皮膚，一是柔白（off-white or soft white），適合暖色皮膚，建議慎選適合自己的白，才能穿出最佳氣色。

男士商務襯衫七類色彩

	白色	男性淺色	中性淺色	柔性淺色	濁色	鮮豔色	深色
色彩	純白柔白	淺藍、淺灰	淺黃、淺綠 淺米、淺褐	淺粉、淺紫	中灰、莫蘭迪色	艷藍、所有豔色	黑色、深藍 深灰、深棕
正式度	最高	較高	較高	中等	中等	較低	較低
訊息	傳統	保守	友善	柔和	品味	活潑	時尚
特色	慎選色系	最為安全	展現親和	略有風險	低調質感	較少人穿	越來越多

第二類稱為男性淺色如淺藍、淺灰與淺米色，穿起來顯得較輕鬆，不像白襯衫這麼嚴肅，但仍屬最正式職場的安全色。

第三類稱為中性淺色如淺黃、淺綠與淺褐色，比前兩類更放鬆，很能展現親和力，在最正式職場略嫌休閒，比較適合氛圍輕鬆的職場。

第四類是柔性色如淺粉紅與淺紫色，並非傳統男性色彩，但近年十分流行，展現較高時尚感，但卻降低專業度與可信度，必須慎選穿著場合，但極淺的柔性色卻能增強親和力，表達關懷感。

第五類是濁色，最典型的是中灰，以及近年來流行的各種莫蘭迪色系，雖然並非主流襯衫色彩，正式度大約居中，穿起來顯得低調內斂，相當有品味。

第六類是鮮豔色，由於近年來男性穿著變化日易增大，鮮豔襯衫時有所見，但多半屬於休閒色彩，唯一比較被大眾所接受的是豔藍色，在職場上較為常見，但仍是顯得不十分正式。

第七類是深色，深色襯衫長久以來被視為襯衫中的異類，僅限於演藝界或創意行業穿著，近年來風氣大開，黑色、深灰與深藍都能在職場見到，但要注意深色襯衫正式度仍然較低。

花紋

商務襯衫花紋僅限於不太明顯的條紋與格紋，其他所有花紋都屬於休閒襯衫。

122 質感藏細節中——男裝合身標準

男士服裝款式變化不多，質感展現往往就在細節當中，而對剪裁合體的商務裝來說，合身度就是最關鍵的細節，這便是為什麼費力耗時又昂貴的訂製（bespoke）西服，至今歷久不衰；退而求其次，半訂製（made-to-measure）的量身師傅也必須身經百戰，後面對應的既有版型修製直到做出成品，才能符合顧客需求，如身材標準，能輕易買到成衣西裝，真是得謝天謝地謝父母，將你生成大眾版衣架子，關於合身度，半點馬虎不得，請好好學學。

西裝：是否合身最重要

西裝合身度十分重要，不僅影響舒適度與美感，也影響正式度，商務西裝在各方面要求格外嚴謹，休閒西裝相對自由些。

商務西裝長度應蓋住臀部，但時尚版休閒西裝則隨著潮流或長或短，個子較矮的人蓋臀切忌蓋太多，恰好蓋住即可。

袖長非常關鍵，理想長度是當手垂下時袖長蓋住腕骨，容許襯衫袖子露出約半英吋（1.25 公分），袖子過長不難修改，必須帶著襯衫一起試穿。

衣身合身度須扣上扣子來檢驗，首先扣上腰線這顆扣子，腰部位置必須符合，或比自然腰略高一點點；接著扣上所有扣子，扣子間必須平整，不能有撐開的痕跡，後背如出現橫紋，代表腰圍尺碼過小。

後背開衩款在扣子扣滿後必須服貼，如有撐開或雙衩間布料撐起，都表示臀圍尺碼過小。胸圍尺寸須檢視西裝領子，扣上後領駁必須與胸部貼合，中間不得有空隙，如領駁被撐起，表示胸圍尺碼太小。

檢驗西裝領圍領高是否合適仍須穿上襯衫，襯衫領必須露出半英吋，西裝領與襯衫領間不可有空隙；西裝肩部如果有需要可以比自然肩略寬一點點，現在流行較自然的柔軟墊肩，必須貼合在三角肌部位，穿起來沒有任何痕跡。

襯衫：帶著西裝一起試穿

購買成衣襯衫以頸圍來決定尺碼，襯衫領圍要適中，不能過緊或過鬆，僅靠頸圍決定其他部位，還是有一定風險，但身材適中的人一般不會有太大問題。穿上西裝後，襯衫領子必須露出半英吋，袖長不扣時蓋住手背約三分之一，扣起鈕扣袖口齊大拇指基部，會從西裝的袖口露出半英吋左右，建議帶著西裝一起去試穿。
襯衫需要有點腰身，否則穿起來太寬，納入長褲後腰部會有過多布料，衣身長度要蓋住臀部，才不會輕易從腰部鬆脫出來。

長褲：帶著鞋子一起試穿

長褲首先以腰圍為基準，穿上後腰腹與褲襠部位需平整，任何扯出來的橫線條都代表褲子太緊，如腹部有褶，絕不能撐開，長度至關重要，必須帶著搭配的鞋子去試穿，才不致出錯。

男裝合身標準

西裝

－衣身長度蓋臀
－袖長蓋住腕骨
－袖子容襯衫露出半英吋
－領部容襯衫露出半英吋
－領駁服貼
－扣字扣上不緊繃
－腰部服貼無皺紋
－下襬服貼開衩無撐開

襯衫

－領圍合適
－袖口不扣蓋住手掌 1／3
－袖長扣起後在大拇指基部
－略有腰身
－衣身蓋住臀部

西褲

－腰圍尺寸合身
－腰高多半在天然腰的位置
－褲襠須合身
－腹部須合身
－長度須帶皮鞋去試穿

123 畫龍點睛——關於領帶

在企業培訓的男士專場中，昀老師都會帶著整盒道具領帶出場，雖說只是道具，但從面料到花紋都是精心挑選，因質感好的領帶，相對壽命較長，領帶流行性並不明顯，建議男士們一定要選擇高檔商品。

面料

商務領帶大多是絲質，因絲綢光澤好，垂度佳，復原力大，經久不易變形，因此成為最理想的領帶面料；低價位領帶由滌綸製成，比較僵硬，復原力較差，使用期限也比較短。休閒領帶中夏季有亞麻、棉、絲麻、絲毛混紡等；冬季有粗毛呢與法蘭絨等，此外有一種平口窄版的針織領帶也屬於休閒款。

寬度

領帶寬度雖經過幾個較為極端的流行階段，但目前回歸中等寬窄的經典款，英國人喜歡最傳統的版本，寬度約八公分，義大利人喜歡較寬的領帶，目前市面上可以買到的領帶大約在六～十公分之間。

領帶寬度與西裝領駁寬窄應成正比，也與臉型與體型成正比，寬領駁適合寬領帶與壯碩的身材，窄領駁適合窄領帶與削瘦的身材，商務西裝領駁偏向中等寬窄，因此商務領帶也是屬於中等寬窄的經典款，近年來年輕人個性化的時尚西裝多為窄領，搭配鬆鬆的窄領帶呈現休閒感。

花紋

領帶花紋種類繁多，職場上應該使用正式感較強的商務領帶圖紋，如素面、斜條紋或小型重複圖案，休閒場合可以使用其他變化款。詳述如下：

商務領帶花紋

素色：是最正式的款式，深色與明亮色較正式，淺色較不正式。

圓點：有各種疏密不同的款式，圓點越小越正式。

條紋：斜條紋最正式穩重，變化款的橫條紋或直條紋，較偏向個性與時尚。

徽章：英國人很重視徽章的代表意義，但其他國家則無所謂，重複小徽章算是偏保守的圖案。

幾何圖紋：這類領帶型式很多，有格紋、六角形、八角形與不規則圖形等，圖案越小越正式。

休閒領帶花紋

不規則：如渲染，油畫，抽象圖紋等。

花朵：具象或抽象都能見到，很小的重複花朵也能在商務休閒時採用。

卡通：卡通圖案不適合職場，但很小的重複圖案也能在輕鬆商務場合使用。

商務領帶：斜條紋

商務領帶：小型圖案組成的斜條紋

商務領帶：素面

商務領帶：小圓點

關於領帶

面料

－真絲垂墜感佳易復原
－滌綸較硬
－休閒棉麻毛都有
－針織平尾款屬休閒

寬度

－ 6-10 公分
－與臉寬度成正比
－與西裝領駁寬度成正比

商務款

－素色最穩重
－斜條紋很正式
－小型重複圖案（圓點、徽章、草履蟲、幾何圖）
－圖案越小越正式

休閒款

－不規則圖案
－花朵卡通如很小且重複略微正式，適合較休閒職場

商務領帶：小型重複圖案

124 領帶打法與保養

有一些年輕男士對打領帶視為畏途，因此選擇有固定結飾的拉鍊款領帶，或是將領帶打好後永不解開，每天稍微鬆開取下，第二天再繫緊繼續使用，其實打領帶並不難，全靠一字訣就是練，領帶結打得好，品味盡顯，建議男士們千萬不要偷懶，趕緊練起來。

領帶打法

領帶結的打法主要有三種，手法越複雜的打起來結越大，依繁複程度低至高分別如下：

1. 四手結： 最簡單的打法，打起來結很小，通常用在較休閒的窄版領帶，或是很寬或質料很厚的休閒領帶，寬款或厚領帶雖然可以打此種結，但結的尺寸還是不小。
2. 半溫莎結： 傳說這是溫莎結打錯後的產物，在打結過程中，只有在一側做了一圈纏繞，因此呈現不對稱的斜三角型，有人特別喜歡，認為比較有個性又不呆板，但也有人認為不對稱看起來很不順眼，只能說各隨所好。此外臉型也與領帶結形式有關，臉較窄的男士較適合此款，正三角形的溫莎結體積過大，會讓臉顯得太小。

四手結

半溫莎結

3. 溫莎結： 顯然又是講究穿著的溫莎公爵的傑作，這種結外觀是正三角型，且特別寬大，適合搭配寬版溫莎領襯衫，及正式款西裝如雙排扣西裝，在三種結飾當中，屬於最正式的一款。此款適合身材較壯碩與臉較寬的男士，能與寬大的結相得益彰，展現氣勢。

不論哪一種打法，都必須注意結的形狀一定是上大下小，尾端必須收緊才有型，講究一點的男士還會在結下方中間刻意壓出一個凹痕，稱為酒窩，甚至在穿上西裝或背心後，將領帶結下方微微拉出來，在 V 區形成微凸造型，顯得更帥氣。

溫莎結

領帶保養

真絲領帶只能乾洗，即便是滌綸的低價領帶也應該用冷洗精手洗，不可扔進洗衣機攪拌，拉扯之下一定變形。平日回家必須將領帶拆開，讓纖維復原，使用期限可以增長，若要變化領結形式也沒有問題。收納時用垂掛或捲起來皆可。

領帶三款打法

四手結

－最簡單

－結最小

－適合厚款休閒領帶

半溫莎結

－不對稱造型

－結較小

－較個性

－適合小臉人

溫莎結

－對稱三角形

－結最大

－較正式

－較適合中等以上身材

125 男裝V區搭配技巧

男士在正式商務場合仍然需要打領帶，領帶與西裝、襯衫三樣單品組成男士胸前明顯的 V 字形區域，V 區在臉部正下方，在第一印象中占比極大，建議按照想表達的訊息，做好 V 區色彩規劃，讓 V 區替自己做出有效的視覺溝通。

經過多年研究，總結出一個配色攻略，使用時直接套用公式即可，非常方便。下面將西裝、襯衫與領帶分別做出色彩分類，每一類色彩各有代表的形象訊息。

舉例說明：

圖一，深色西裝＋白色襯衫＋鮮豔領帶，傳達訊息為權威＋傳統＋搶眼

圖二，深色配大地色西裝＋濁色襯衫＋濁色，傳達訊息為專業活力＋品味＋低調

〔圖一〕　〔圖二〕

V區除了色彩，還需要考慮花紋，近年來男裝變化較大，商務西裝與襯衫多半採用圖紋面料，搭配趣味性增加，但難度也相對提高。首先三樣皆素最為安全，只須按照形象訊息選色即可，兩素一花最為普遍，尤其是素衣配花領帶，建議領帶中有部分重複西裝或襯衫色彩，做好色彩整合看起來更加和諧。兩花一素較為活潑，但兩種花紋比重（大小，粗細，疏密）需有差異，最後三樣皆花顯得最有創意與時尚，此時除了花紋比重不同，線條也要有差異，必須有直有曲，才不致眼花撩亂。

一花

二花

二花

三花

西裝色彩與形象訊息

深色	權威或專業
中等深淺	親和或團隊
淺色	輕鬆或休閒
大地色系	活力

襯衫色彩與形象訊息

白色	傳統
男性淺色	保守
中性淺色	友善
柔性淺色	柔和
濁色	品味
鮮豔色	活潑
深色	時尚

領帶色彩與形象訊息

深色	正式
鮮豔色	搶眼
濁色	低調
淺色	特別
柔性淺粉	浪漫

126 秋冬藏帥氣——男裝大衣外套

男士在秋冬季節也有屬於自己的禦寒外套，有些款式非常正式，適合添加在西裝外面，有些純屬休閒，只能搭配休閒服裝，在此按正式度來認識一下男士外套。

切斯特外套

最正式的男裝大衣是切斯特外套（Chesterfield），特色是具備與西裝相似的領子，整體就像加長版西裝，這款外套多半都是精紡羊毛或毛呢製成，有單排扣也有雙排扣，還有所謂暗門襟也就是隱藏式扣子，顯得格外正式。長度從中長款（膝上）到長款（膝下）都有，除了保暖程度，身高是挑選的主要因素。最正式的顏色是黑色、深灰色與深藍色，其次才是咖啡色與駝色。

巴馬肯外套

接下來一款也能穿在西裝外面的外套稱為巴馬肯外套（Balmacaan），領子是襯衫領，都是單排扣，相較於切斯特，明顯較為輕鬆，面料十分多樣化，從毛呢到棉質或防水布都有，由於相對休閒，多半是中長款。

風衣

再接著就到了大家熟悉的風衣（Trench Coat），最早是軍裝，後來演變成男女通用的大爆款，典型風衣是長度過膝的防水斜紋棉布，肩上袖口都有絆帶，腰部有類似皮帶的腰帶，但避免規規矩矩繫上，用綁結來固定才顯得瀟灑，經典色是卡其色，但後來也有其他各種中性色如黑色、深藍與深灰等。風衣是正式與休閒兩用的款式，也能與西裝或休閒西裝一起穿著。

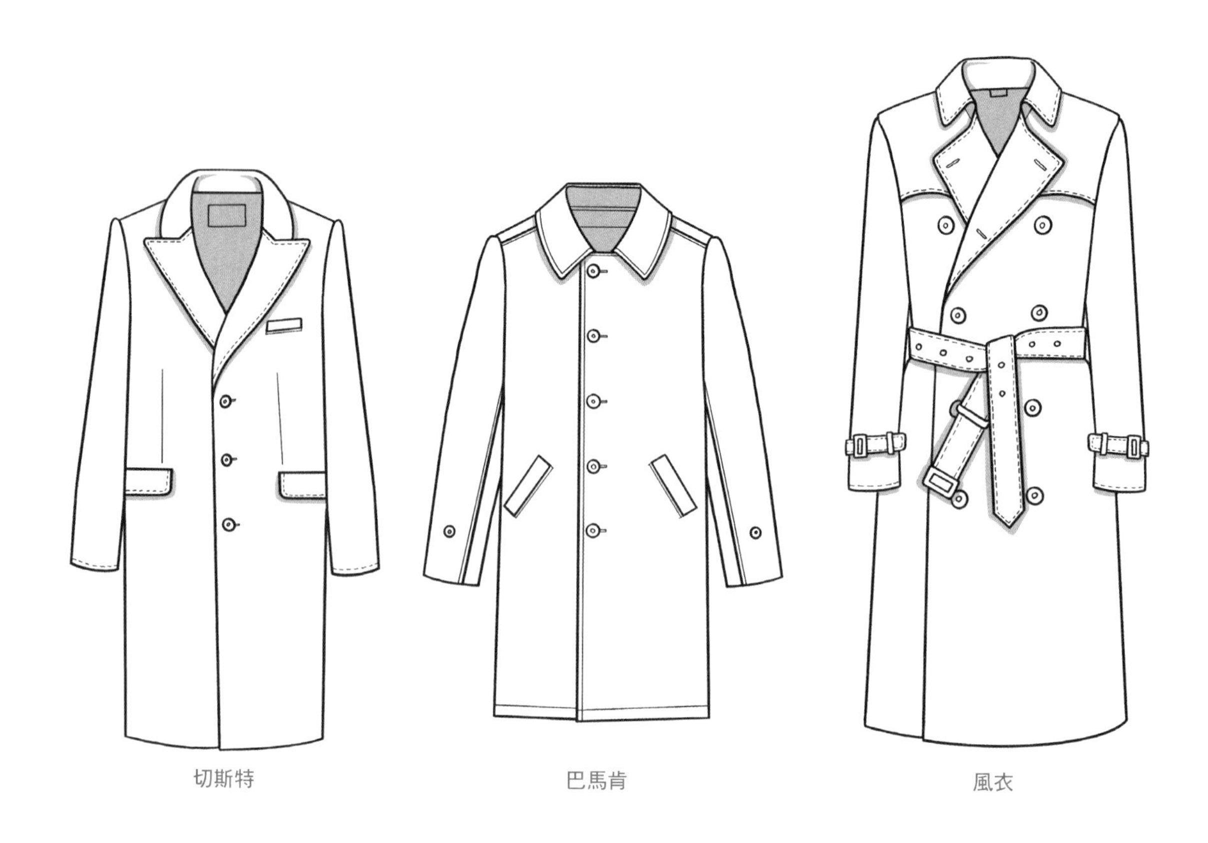

切斯特　　巴馬肯　　風衣

休閒外套

再下來便進入真正的休閒外套範疇，有較厚的大翻領雙排扣水手短大衣（Pea Coat）與連帽牛角扣漁夫短大衣（Duffle Coat），多半採用保暖的厚毛呢面料，冬季限定，是休閒大衣中的不敗款。在混搭風盛行的現在，這兩款休閒外套也有潮人與休閒西裝一起穿著，再搭配靴子或厚毛襪，呈現另類的個性風。

短版拉鍊式夾克

最後當然不能忽略最普遍的短版拉鍊式夾克（Zipper Jacket），面料從毛呢、棉質、皮革到各種強調特殊功能性的都有，是男士秋冬穿著最頻繁的經典款，其中皮夾克更因其個性突出而被視為單獨類別，搭配牛仔褲與機車靴，是酷帥男士必備單品。

漁夫短大衣　　水手短大衣　　拉鍊式夾克

127 男士六種常見裝飾型配件

相較於女性，男性經常使用的配件與飾品種類較少，一般說來，商務場合常見飾品僅有以下幾種，皮帶，背帶，領帶，口袋飾巾，領帶夾，袖扣與手錶等。領帶是大宗，已有獨立篇章說明，現在談談其他幾種飾品。

皮帶、背帶

皮帶盡量與皮鞋同色，這是基本訴求，商務皮帶最好選擇針式，簡單金屬圈以針來固定，上好皮質，收邊精緻，最好避免太誇張的大 logo 或大金屬牌式皮帶頭，因稍嫌不夠優雅。

背帶與皮帶為二選一，不能同時存在，建議選擇鈕扣式正式背帶，而非金屬夾的休閒款，背帶與領帶同時配戴時，須有主次，通常領帶是主角，因此背帶越素雅越好。

口袋飾巾

在西方較為普遍，素面或圖紋款都有，避免與領帶同花紋，應與領帶色彩有部分相同，或採同色不同花紋，都能展現搭配功力。隨著流行趨勢，袋巾款式有些不同，目前較流行一字型，其他還有荷包型與山型，都是用小方巾摺疊而成，上網查查便能學會。

男士六種常用飾品

皮帶
- 商務款為精緻皮質
- 針式金屬圈款為宜
- 長度適中

背帶
- 鈕扣式為佳
- 搭配領帶有主次之別

口袋飾巾
- 與領帶色彩部分相同
- 避免完全相同
- 目前流行一字款

領帶夾
- 商務款在Ｖ區下 1／3
- 個性款位置更高

袖扣
- 搭配法式袖
- 簡單大方為宜

手錶
- 薄款皮錶帶較商務
- 金屬或運動款較休閒

領帶夾

曾經有過輝煌歲月，現在算是較式微，一般商務場合不戴也無所謂，但型男仍然愛用，傳統商務裝扮領夾位置偏低，約在Ｖ區下方三分之一處，時尚版則位置較高，約在Ｖ區一半甚至上方三分之一處，越往上越顯得個性。

袖扣

一直僅限講究的男士才會配戴，因襯衫袖口必須是法式袖，不是隨時想戴就能戴，袖扣與領帶夾都以簡單大方為宜，太過繁複或華麗的款式，都不適合商務，無法展現高品味。

手錶

對許多男士而言，不僅是功能性物品，更多是用來彰顯身分地位的表徵，在此不談品牌，建議在商務場合配戴薄款皮錶帶的紳士錶，比粗獷運動錶或金屬錶來得更得體有型。

此外還有一些罕見配件，僅有特別講究的男士會用到，如領尖撐，放在襯衫領尖內確保領子平整硬挺；襯衫袖束帶，將長袖往上固定，方便工作；吊襪帶，不要笑，男版吊襪帶夾在襯衫與襪口之間，可確保襪子不往下滑，還能避免襯衫下襬往上跑，一舉兩得。

128 男士功能型配件

除了服裝與少量飾品，男士生活中還有一些必備的功能型配件，樣樣都與個人的形象相關，也必須慎選。

襪子

與鞋子相同，也有商務與休閒之分，商務襪色彩僅限深中性色，如黑、深灰、深藍與深棕，基本上盡量與鞋子或長褲接近。材質隨著季節變化，常見毛與棉質，長度有及膝與至小腿肚一半，最重要的是避免襪子滑落，坐下來時萬一露出腳踝，非常不禮貌。

休閒襪顏色與花紋變化較多，搭配恰當的休閒鞋，很能展現品味。近年流行九分褲，露出整個腳踝，於是有踝襪出現，藏在鞋中看似沒穿，但實際上不穿襪直接穿鞋很不衛生。

名片夾、皮夾、公事包

這三種皮件體積由小至大，是商務男士必備重要配件，在對手機依賴極深的此時，雖然洽公有可能採取加社交平台朋友，但正式會面依然需要交換名片，因此質感好的名片夾仍是必需品。皮夾也是如此，目前在大部分地方仍繼續使用現金與金融卡，建議選擇尺寸合適的皮夾，裝得太鼓顯得有些邋遢。皮包或公事包視個人需要而定，早期人手一個手提公事包的時代已經結束，男士包款越來越多，側胸背包、手拿包、單肩背包或雙肩背包，因生活習慣與服裝風格可自由選擇。

眼鏡

對男士而言，眼鏡雖屬於功能性，但因對臉與五官影響甚鉅，絕對是應定義在飾品級別。首先眼鏡寬度應與太陽穴處同寬，眼鏡太窄會顯得臉更寬，方圓形眼鏡是為最普遍，圓臉方臉或其他任何臉型都適合。臉較長的人，可以選擇縱向較長的眼鏡款式，可修飾臉型；眉毛較淡的男士，建議配戴鏡框較粗的款式，也有不錯的修飾效果。至於材質會有流行性，膠框或金屬框可隨著潮流更換使用；為了展現專業度，一般商務人士多半選擇較保守的款式，但創意工作者不在此限，個性款反而更能展現個人風格。

最後一個提醒，雖然不算是配件，但手機、平板與手提電腦，這類隨身的 3C 產品，也是個人形象的一部分，必須適時更新，確保狀態良好，才能展現生活品質的高標準。

男士功能性配件

襪子

—商務襪為深色高筒襪
—建議都買同款
—襪子不可滑落
—講究男士可使用吊襪帶
—商務休閒襪色彩較多
—盡量與鞋子或長褲同色

名片夾、皮夾、皮包

—名片夾質感佳
—皮夾避免太鼓變形
—選擇適合自己的包款

眼鏡

—眼鏡寬度與太陽穴處相等
—方圓形最好搭配臉型
—臉較長則眼鏡縱長宜增加
—眉毛淡選粗框
—商務人士選保守款
—創意行業選個性款

129 英氣十足——男士正式商務鞋款

在休閒風盛行的今日，西裝仍有其存在價值與空間，因而皮底皮面紳士鞋也永遠不會淡出人們的視線，經過長時間進化，款式繁多，按正式度說明如下：

牛津鞋

最正式的紳士鞋是牛津鞋（Oxford），特色是鞋帶孔片為閉鎖構造，稱之為 closed lacing，大多數鞋頭鞋身都有接縫線。鞋頭橫切線呈一條線的平接頭（Straight Tip）顯得較保守，適合東方商務人士，M 字翼形接頭（Wing Tip）較為講究，更受西方商務人士歡迎。

此外，鞋頭、鞋身與接縫部位還能以打洞形成雕花（Brogue），基本上花紋多寡與穿著者對儀表的重視程度成正比。因此建議新入職年輕人穿平接頭無雕花款，凸顯平實作風，高階主管可選擇翼形接頭有雕花的款式，展現個人品味。

近年流行一種全裁牛津鞋（Wholecuts Oxford），鞋身一體成形，做工十分講究，很受時髦男士青睞，但商務感較弱，較適合社交場合，甚至可以搭配小晚禮服。

商務男鞋正式度

牛津鞋 Oxford	鞋帶孔片閉鎖 鞋頭常有橫切線（平接與翼接） 鞋身常有打孔雕花（Brogue） 年輕人適合平接無雕花 主管適合翼接有雕花
全裁牛津鞋 Wholecuts Oxford	鞋身一體成形 時尚感強、商務感較弱 可搭配小晚禮服
德比鞋 Derby	鞋帶孔片分離、側面有接縫線 鞋頭常有橫切線（平接與翼接） 鞋身常有打孔雕花
布勒徹鞋 Blucher	與德比鞋相似 側面少了切線 在美國與德比鞋不分
僧侶扣鞋 Monks Strap	沒有鞋帶有橫帶加扣 變化款有兩條橫帶

德比鞋、布勒徹鞋

次正式為德比鞋（Derby），與牛津鞋不同處在於它的鞋帶孔片是分離構造，鞋身側面還有一條接縫線，早期只適合在郊區穿著，後來也進化成為商務鞋款，此款也常有鞋頭切線與雕花裝飾。

再接下來是與德比鞋非常相似的布勒徹鞋（Blucher），鞋孔片也是分離構造，但側面少了接縫線，正式度因此略降。這兩種鞋款由於樣式差別不大，在美國甚至直接當成一種鞋款看待。

僧侶扣鞋

最後終於到了不綁鞋帶，改用橫帶加扣的僧侶扣鞋（Monk Strap），還有更花俏的變化款雙帶僧侶扣鞋（Double Monk Strap），這兩款雖不若前述的鞋帶款正式，但仍舊屬於商務鞋款，設計簡單大方，也深獲許多人喜愛，但不建議搭配禮服穿著。

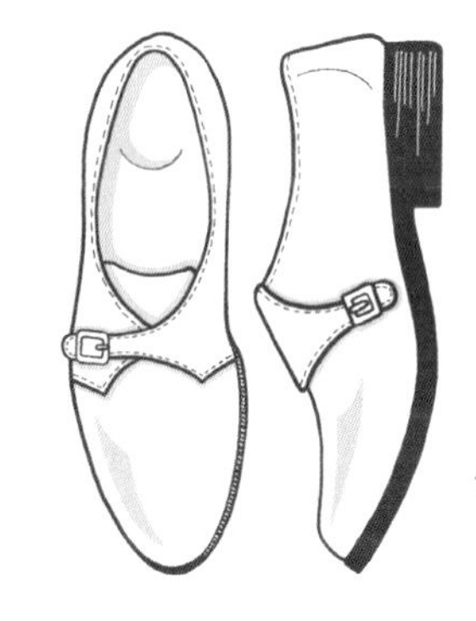

僧侶扣鞋

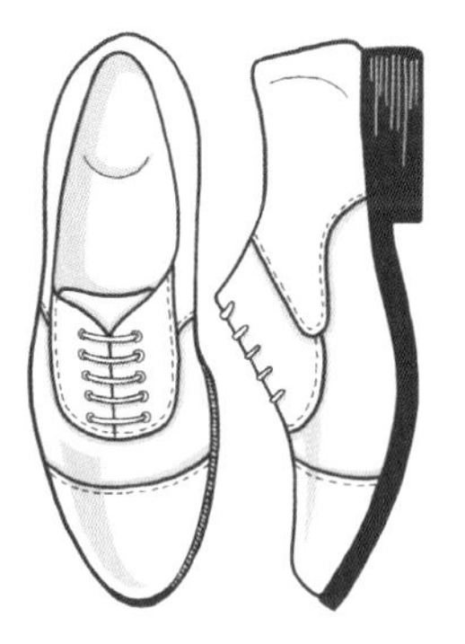

牛津鞋

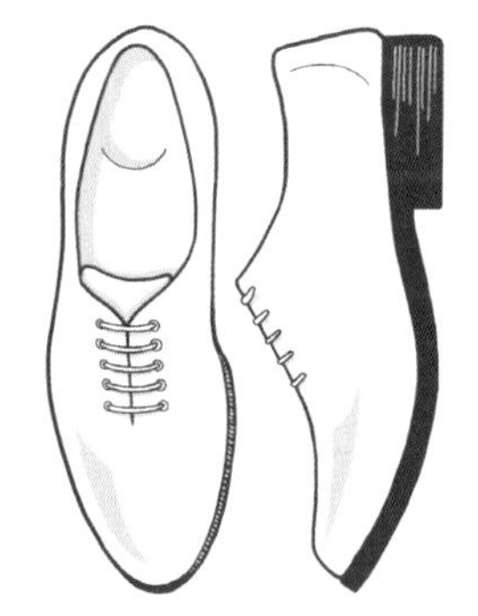

全裁牛津鞋

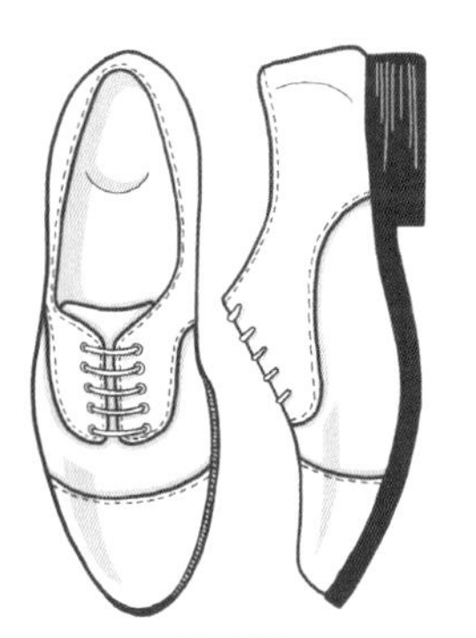

德比鞋

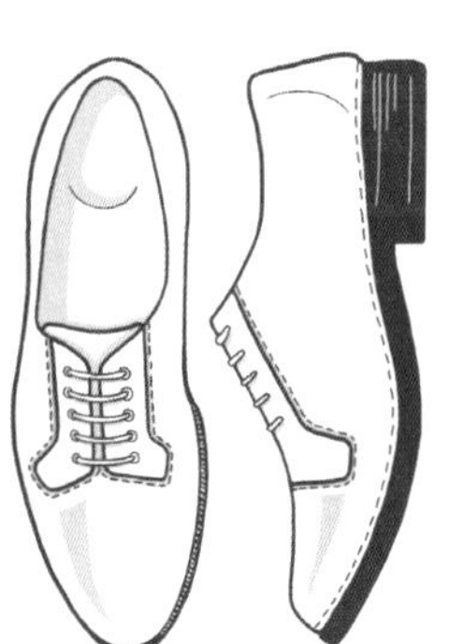

布勒徹鞋

130 舒適或耍酷——男士商務休閒鞋款

商務男鞋雖然英氣十足，但最為人詬病的便是舒適度，因此接下來要談到的商務休閒鞋款，大多以舒適為主。

切爾西靴、邱卡靴

按正式度排序，首先出場的靴子卻從不以舒適為訴求，而是為了耍酷，其中最正式的切爾西靴（Chelsea Boots）沒有鞋帶，腳踝兩側有寬版彈性帶便於穿脫。此外還有繫帶的邱卡靴（Chukka Boots），這兩種靴款如果以光滑牛皮製作，配上皮底，站立時與商務鞋十分雷同，但坐下便能分出真偽。一般說來，靴子適合搭配較有個性較粗獷的商務休閒裝。

樂福鞋

最典型的商務休閒鞋非樂福鞋（Loafers）莫屬，特徵是一腳便可伸進去直接穿脫，但其實樂福鞋款式繁多，最正式的黑色漆皮淺口樂福（Pump Loafers）甚至是晚宴專用。

其他如有寬腰帶的便士樂福（Penny Loafers），小穗子裝飾的帶穗樂福（Tassel Loafers），馬口銜裝飾的馬銜樂福（Horsebit Loafers）等，只要是黑色或咖啡色的光滑皮質，都很適合搭配商務休閒裝。樂福家族中最休閒的拖鞋式樂福（Slipper Loafers），樣式最簡單，皮質軟，無裝飾，非常舒適，大多搭配輕鬆版商務休閒裝。樂福鞋後來被女裝界所採用，許多女士也很喜歡，主要用來搭配長褲。

切爾西靴

帆船鞋

再下來便是帆船鞋（Boat Shoes），這款原本在船上穿著的鞋，從八〇年代開始成為男女老少通用的日常休閒鞋款，但在近年休閒風大潮中，也能搭配較輕鬆的商務休閒裝。特色在於鞋面有突起的 U 型手工接縫線，側面打孔，以皮繩穿過環繞後半截鞋身，通常以軟皮製作搭配膠底，整體柔軟舒適。

邱卡靴

運動鞋

最後最舒服的便是運動鞋（Sneakers），原本純屬休閒中的休閒，但隨著時尚腳步，運動鞋成為時尚個性版商務休閒搭配中必不可少的存在，運動與商務在此完美合體，它也是商務休閒鞋的底線。現在的運動鞋材質種類繁多，從棉布、PU 皮到真皮，都能見到，真皮運動鞋正式度比布鞋來得高一點，簡單款比運動機能款正式度也顯得略高。

便士樂福鞋

運動鞋

帆船鞋

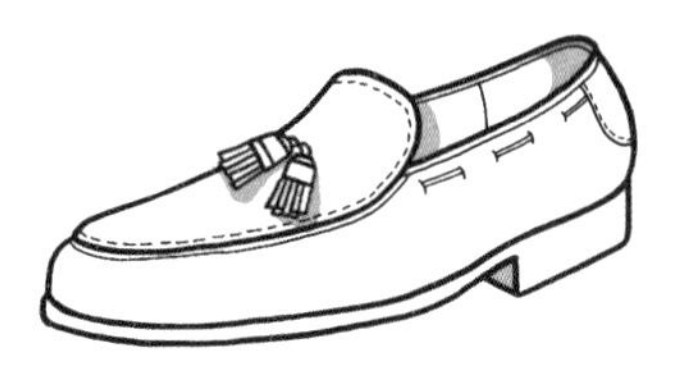
帶穗樂福鞋

生活圈

服儀管理

PART

4

第八章

場合規範

131 商務休閒裝起源

還記得三十年前參加專業形象管理培訓，學到的兩大類服裝架構如圖 1，在那個古早年代，商務裝和休閒裝涇渭分明，井水不犯河水，當時老師仔細講解商務裝的各種細節，尤其是男士商務西裝、相關單品與搭配，規則十分嚴謹。

〔圖 1〕

場合著裝的古早

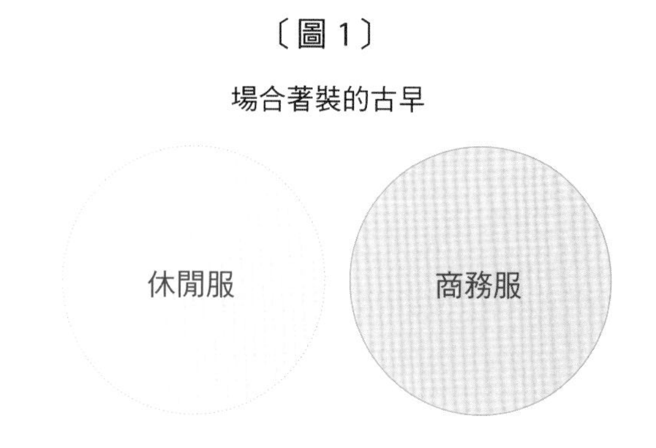

1995 年第一次參加 AICI 美國華盛頓國際年會，數百名來自世界各國的形象顧問齊聚一堂，在會議期間大家都穿著精緻的商務裝，看起來專業度十足。到了 1997 年的鳳凰城年會，感覺服裝

〔圖 2〕　場合著裝的曾經

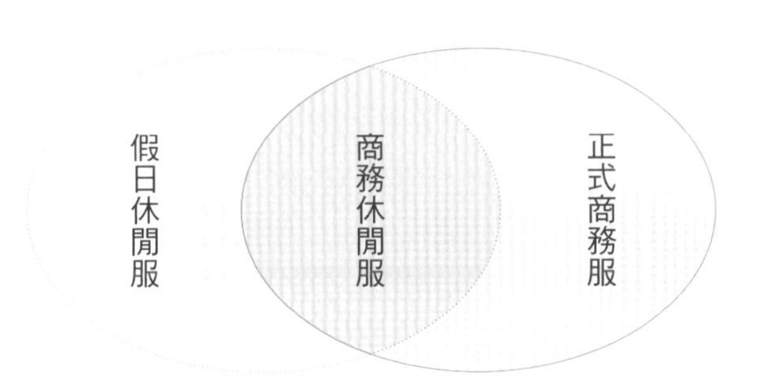

〔圖 3〕　職場服裝正式度

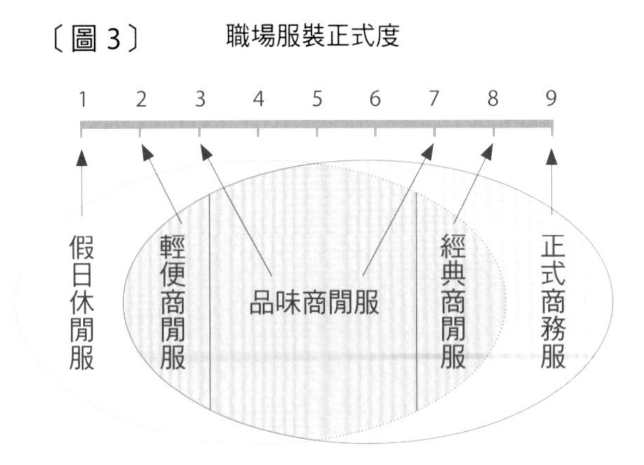

正式度似乎有些下降，其中一位專題演講主講人竟穿著寬裙配牛仔靴。在自由交流時間聽見形象顧問們相互吐苦水，抱怨企業開始放寬員工穿著，怎麼亂穿都無所謂，如此一來大大影響我們的市場，未來的路很可能越走越窄；其實在當時商務裝和休閒裝已經逐漸產生交集，只不過商務休閒裝這個混血兒妾身未明，尚處於混沌狀態，如圖 2。

兩年後，透過 AICI 購得第一本商務休閒專書《*Business Casual Made Easy, the Complete Guide to Business Casual Dress for Men and Women*》讓商務休閒裝扮變得更簡單——男士女士商務休閒裝指南，作者是美籍形象專家伊蓮．阿米爾（Ilene Amiel）與安琪．麥可（Angie Michael），這本書算是一個重要里程碑，發展至此商務休閒裝不僅完全被社會大眾所接受，並且已成為需要再做分類的巨大集合體；作者按正式度將它分為三類，最正式的經典版，次正式的品味版，與最休閒的輕便版，這個分類直至現今職場仍然適用。見圖 3。

從此形象顧問開始有了新的培訓題材，商務場合著裝規範（Business Dress Code）因為有了商務休閒裝，變得更為複雜，商務人士更需要協助，釐清什麼場合該穿何種正式度，且因商務休閒時代來臨，裝扮變得更加個性化，搭配難度大幅升級，需要掌握的技巧更多，形象顧問的路非但沒有變窄，反而迎來前所未有的大爆發。

在接下來的篇幅中，將一一為大家解說商務休閒時代下，如何因應看似放鬆實則更為精妙的穿衣守則。

132 永不凋零的正式商務裝

休閒風從九〇年代開始狂吹，肇因於 IT 產業的興起，記得八〇年代在美國讀研時，加州矽谷已逐漸成為 IT 業聚集的大本營，從雜誌上得知這群新菁英創業維艱，在裝扮上不願跟著華爾街傳統專業人士起舞，日常職業裝標配就是格子襯衫加牛仔褲，這股穿得舒服才更有創意，穿得輕鬆照樣成就非凡的概念，終於席捲全球，帶動一股不可逆轉的全球職場裝扮新趨勢。

即便如此，傳統商務裝並沒有消失，在一些最正式的場合，例如出席公開商務儀典如：開幕、發布會、慶祝會等；正式對外或對內商務會議、媒體採訪、重要賓客接待等；在最需要贏得信賴感的嚴謹行業如：公務、法律、金融、醫學等；以及最需要展現權威感的角色如：政治人物、企業家、高階主管等，仍然有一群人或天天、或經常、或偶爾，無怨無悔地穿著商務裝，然而這莊嚴戰袍究竟是何等模樣？

男士正式商務裝是整套深色西裝，海軍藍或深灰色最常見，通常為精紡毛料，可以有細條紋或細格紋，搭配淺色襯衫與絲質領帶，領帶圖案以斜條紋或重複小型圖案為主。其他配件包括深色（黑或深咖啡）皮質紳士鞋與深色高筒襪，皮帶與皮鞋色彩盡量一致；比較講究的男士還會使用領帶夾與袖扣，以及與服裝色彩協調的口袋飾巾。

女士正式商務裝可選擇裙或褲套裝，色彩比男士多樣化，任何深淺的中性色都很合宜，裙款多半是及膝直筒裙，褲款為全長直筒褲，材質越硬挺越顯莊重，西裝裡面搭配女性襯衣，絲質或針織圓領內搭也在接受範圍內。常用配件有包頭淑女鞋搭配淺色絲襪，簡單大方的硬挺手提包或單肩包，飾品包括小巧精緻的項鍊、鈕扣式耳環、胸針與絲巾等。

正式商務裝雖然並不需要太時髦，但絕不能過時，品質應力求提高，搭配也須講究，藉穿著展現好品味，也是商務裝的重要功能之一。

正式商務裝

男性

－深藍或深灰西裝套裝
－淺色襯衫
－斜紋與小型重複圖案領帶
－黑或深咖啡皮鞋
－深色襪子
－同色皮帶
－手錶薄款皮錶帶

女性

－中性色套裝
－窄裙或直筒褲
－女性襯衣或針織內搭
－包頭淑女鞋與絲襪
－中小型皮包
－小型精緻項鍊、鈕扣式耳環
－胸花或絲巾

男士商務裝

女士商務裝（長褲如為中直筒西褲會更顯正式）

133 男性商務休閒ABC

關於男士商務休閒裝扮，根據不同需求，可以再細分為 ABC 三類，三類各有專業名稱，但後來發現許多企業為員工設置的簡易服裝正式度分類，便是以 ABC 來區分，於是也開始借用這個代號，果然更加簡便。

A 類 Classic Casual

通常用在開會，尤其是主持會議或大型簡報，拜訪或接待訪客等較重要工作場合，或者嚴謹部門中高階主管的日常，大致和商務裝雷同，但配套西裝取代整套西裝，配套西裝是單件休閒西裝（Sport Jacket）或金屬扣單西（Blazer）加上單件西褲，大多數仍舊打領帶。

配套西裝如強調權威，應採上深下淺，如強調親和力，採上淺下深，A 類場合多屬前者。此外還有穿整套西裝，不打領帶的做法，除了降低正式度，也較為舒適，更是當下的時尚趨勢。

B 類 Smart Casual

是目前全球最時興的男士商務休閒穿法，目的在展現更多個人風格與品味，大多數商務人士的日常工作裝都屬於這個正式度，一般商務或私人社交活動也多半這麼穿。隨著區域性氣候與文化差異，樣貌非常多元，這裡提供的是較安全的標準，西裝與領帶二選一是其中重要原則。

一般說來仍建議穿著休閒西裝，搭配單件長褲與長袖襯衫，如不打領帶，長褲可放寬到較正式的休閒褲，襯衫也可選擇變化較多的休閒襯衫，甚至在較輕鬆較強調個性化的場合，還可以搭配馬球衫或圓領衫。

在更講求親和力的職場，還能更進一步放鬆，如穿襯衫打領帶搭配背心或 V 領針織罩衫，最輕鬆的狀態是僅穿著商務長袖襯衫打領帶，或甚至立領長袖襯衫不打領帶。

C 類 Relaxed Casual

是商務休閒裝裡最休閒的一種，也可以理解為週五放鬆穿法（Friday Casual），在 IT 行業或製造業等更休閒的職場則屬於日常穿著。底線是上衣必須有領子，如休閒襯衫或馬球衫搭配休閒褲，唯一提醒是避免穿得過於放鬆，服裝配件狀態必須良好，太舊太過時或不合身都不適合職場。

男性商務休閒裝 ABC

正式度	名稱	主要款式特徵
A	經典商務休閒 Classic B. Casual	配套西裝、多半打領帶 整套西裝、多半不打領帶
B	品味商務休閒 Smart B. Casual	有外套、長袖襯衫、西裝 領帶二選一
C	輕便商務休閒 Relaxed B. Casual	至少有領子、如馬球衫或 襯衫

商務休閒 A 版

商務休閒 B 版

商務休閒 C 版

男裝正式度

	正式				適中			自由	
	1	2	3	4	5	6	7	8	9
西裝	整套	配套打領帶		不打領帶		其他外套		不穿外套	
色彩	深藍、深灰、黑				中灰		淺色與大地色系		
襯衫	白領法式袖		繫領	寬領、長領、標準領、標準袖					扣領
色彩	白	淺藍、淺灰、淺米		淺黃、綠褐		粉紅紫、鮮豔色、深色			
領帶	素面斜紋小幾何圖案				小圓點	草履蟲		抽象或大圖案	

男性商務休閒裝細節

A 經典商閒 Classic Casual

－中性色配套西裝打領帶
－專業感上深下淺
－親和力上淺下深
－中性色整套西裝不打領帶
－商務襯衫
－商務領帶
－商務鞋與商務配件

B 品味商閒 Smart Casual

－休閒西裝搭配休閒西褲
－搭商務襯衫＋商務領帶
－搭商務襯衫不打領帶
－搭休閒襯衫
－搭 Polo 衫或圓領衫
－無西裝穿商務背心打領帶
－無西裝穿長袖立領襯衫
－搭商務休閒鞋

C 輕便商閒 Relax Casual

－休閒襯衫加休閒褲
－ Polo 衫加休閒褲
－可添加休閒外套
－避免太舊，過時，不合身
－搭商務休閒鞋

134 女性商務休閒ABC

回顧三十年形象顧問生涯，早期穿著配套西裝，短版西裝加長褲或短裙，是商務休閒最正式的版本 Classic Casual，後來愛上三宅的 PP 細褶開衫，開衫配長褲屬於更休閒的 Smart Casual，在時尚氛圍更濃的活動中，還經常做個性創意混搭，是商務休閒中最特別的時尚版 Chic Casual，看來作為商務休閒裝扮的先鋒踐行者，昀老師真是當之無愧。

與男裝相較，女士商務休閒裝複雜程度更高，因女裝款式更多元，在此試著先給一個大原則，再將細節描述於後。

A 類經典商務休閒裝

女士有三種服裝類型，首先變化款套裝，不同於男士西裝款式僅有少數變化，女士長袖套裝外套變化極大，長度有短中長三種，領型可以是絲瓜領、圓角西裝領或襯衫領，甚至無領的小圓領口或大 V 形領，前襟有開扣、拉鍊與繫帶等款式，服裝還可以添加鑲邊與口袋等裝飾，裙款除了 H 型，A 字裙或褶裙也算正式，褲款除了直筒西褲，小喇叭與九分鉛筆褲也隨潮流進出，色彩也放寬許多，幾乎所有顏色都能接受。

配套西裝與男裝同義，西裝與裙或褲不是同樣布料，H 型洋裝搭配西裝也同樣通常是不同布料。

女性商務休閒裝 ABC

正式度	名稱	主要款式特徵
A	經典商務休閒 Classic B. Casual	變化款套裝、配套西裝 H 洋裝 + 西裝
B	品味商務休閒 Smart B. Casual	有外套、至少五分袖
C	輕便商務休閒 Relaxed B. Casual	襯衫或針織衫 + 裙或褲、 至少短袖

B 類品味商務休閒裝

最重要的特點在於有外套，當然外套形式越硬挺越接近西裝，顯得越正式，針織套裝（Twin set）、長袖針織外套加上同色內搭正式度較低，但在講求親和力的職場十分合適，單件針織外套加上其他內搭也可接受，但正式度會相對更低。外套除了長袖，還可以穿七分袖與五分袖。

下半身搭配更加自由，寬裙、中長裙、闊腿褲與七分直筒褲也能納入。洋裝單穿有些爭議，有人主張正式款如素色窄裙長袖硬挺面料洋裝應可算 B 類，也有人認為沒有外套就是不夠正式，其實以上這些描述都無法涵蓋所有款式，服裝細節帶來的正式度差異還是相當重要。

C 類輕便商務休閒裝

女性商務裝袖子越長越正式，在職場不宜穿無袖，包袖在嚴肅職場也不合適，仍舊建議底線設在短袖，這類輕鬆職場通常不穿外套，襯衫或針織衫搭配裙或褲都可以，褲子以五分褲為底線，裙子與 B 類相同，迷你裙與及踝迷嬉裙仍然較不合宜。可以穿著款式較簡約的有袖洋裝，有領子的款式較為正式，棉質 T 恤單穿顯得過於隨興，最好避免。

最後附上兩張培訓時為女性做的商務裝正式度表格，可謂一目了然，可作為備忘貼士。

女性商務休閒裝細節

A 經典商閒
Classic Casual

- 各式各色變化長袖套裝
- 窄裙、A 字裙、褶裙
- 直筒褲、小喇叭、九分褲
- 配套西裝
- 西裝加 H 型洋裝
- 配女性襯衣或針織衫
- 包頭淑女鞋

B 品味商閒
Smart Casual

- 各式外套加裙或褲
- 面料越硬挺越正式
- 七分袖、五分袖
- 針織套裝加裙或褲
- 寬裙、中長裙
- 闊腿褲、七分褲
  （硬挺素色 H 型洋裝）

C 輕便商閒
Relax Casual

- 襯衫、針織衫加裙或褲
- 簡約款有袖洋裝
- 至少為短袖
- 迷你裙、迷嬉裙不宜
- 棉 T 不宜

女裝正式度

正式 → 適中 → 自由

	1	2	3	4	5	6	7	8	9
形式	裙套裝	褲套裝		配套西裝		連衣裙加外套		針織套裝	襯衫
外套	有領		無領		束帶式		拉鍊式		針織
袖長	長袖			七分袖			五分袖		短袖
裙子	及膝窄裙		長窄裙		膝上窄裙	A 字裙		百褶裙	長寬裙
色彩	黑、深灰 深藍			咖啡、米白	墨綠、酒紅		鮮豔色		粉彩色

女性商務裝正式度

較正式	較不正式	較正式	較不正式
整套	配套	素面	圖紋
中性色	鮮豔色	裙裝	褲裝
有外套	無外套	直圖紋	曲圖紋
深色	淺色	窄裙	寬裙
有領子	無領子	少裝飾	多裝飾
硬挺	柔軟	西裝褲	變化褲
長袖	短袖	中性化	女性化

商務休閒 A 版　　商務休閒 B 版　　商務休閒 C 版

135 正式晚宴禮服

首先公開這張專業形象顧問培訓用的國際社交典禮場合著裝規範表，對嚮往嚴謹規則與國際生活的朋友，相信很能滿足求知慾，但接下來的解說，盡量根據一般人的生活需求，太繁複或太久遠已經步入歷史的服裝，就不多做解說了。

現代生活中最正式的夜間禮服是所謂的白領結（White Tie）等級，男士穿著燕尾服，繫白領結，女士穿大晚禮裙，長度過腳，甚至拖地，裙襬越大越長越正式，這個等級只有歐洲國宴與諾貝爾頒獎典禮才會用到，一般人一輩子都穿不到。

其次是黑領結（Black Tie），在生活中可算是最正式的裝扮，男士穿著小晚禮服（Tuxedo），繫黑領結，女士穿著晚禮裙，大多長度蓋腳，但並無規定，有些愛美的時尚女士甚至穿著迷你裙或褲裝禮服，全世界大部分頒獎典禮與所有標註正式（Formal）晚宴都是這個級別。

小晚禮服（Tuxedo）大多是黑色，夏季也有白色，與商務西裝不同點在領駁有同色緞面裝飾，且多半是絲瓜領（一稱青果領）或劍領，不論黑白上裝一律搭配黑長褲，褲子側面有一條黑色緞質飾邊，搭配胸前有細褶與黑扣子裝飾的翼領白襯衫，配件包括黑腰封、黑領結、袖扣、黑襪與黑漆皮鞋。

對穿著不那麼考究的男士，可以忽略 Tuxedo，但最好準備一套全黑西裝，黑西裝可視為準禮服，各種婚喪典禮都很合宜，切記必須搭配無彩色，白襯衫與黑領帶最為經典，時尚型男還經常一黑到底，或搭配銀灰色領帶也可以。

國際社交典禮場合著裝規範
International Social & Ceremony Dress Code

		日間		夜間	
傳統	現代	男士	女士	男士	女士
Formal 正式	Formal 正式 （特殊）	Morning Coat 晨禮服	Morning Dress 晨禮裙	White Tie Tailcoat 燕尾服 （Dress Coat）	Ball Gown 大晚禮裙
Semi-formal 半正式	Formal 正式 （一般）	Stroller Director Suit （Black Lounge Suit） 董事長套裝	Morning Dress Or Cocktail Dress 酒會裙	Black Tie Tuxedo 小晚禮服 （Dinner Suit）	Evening Gown 小晚禮裙
	Semi-formal	Dark Suit 黑套西 （Black Suit）	Cocktail Dress	Dark Suit （Black Suit）	Evening Gown
Informal	Informal	Lounge Suit（Business Suit）商務深套西	Cocktail Dress	Lounge Suit（Business Suit）	Cocktail Dress

男士黑領結等級的小晚禮服

女士典雅略帶華麗的小晚禮裙

晚宴三種正式度

白領結 White Tie

－男士穿燕尾服、打白領結
－白色翼領襯衫
－黑色禮服背心
－搭配黑襪、黑漆皮鞋
－女士穿大晚禮裙
－搭配華麗晚裝鞋、晚裝小包
－配戴超華麗飾品

黑領結 Black Tie

－男士穿小晚禮服、打黑領結
－白色翼領襯衫
－黑色腰封
－搭配黑襪、黑漆皮鞋
－女士穿小晚禮裙
－搭配華麗晚裝鞋、晚裝小包
－配戴較華麗飾品

時尚放鬆版

－男士穿黑西服套裝
－白或黑色商務襯衫
－黑、白、灰銀色領帶
－搭配黑襪、黑皮鞋
－女士穿小晚禮裙
－搭配華麗晚裝鞋、晚裝小包
－配戴華麗飾品

136 華麗且性感——女士禮服正式度

每次談到正式禮服，總是從男裝開始談起，主要是因為晚宴的正式度級別是以男裝領結色彩來分，且男裝禮服形式向來嚴謹，在這波休閒狂潮之前，幾乎沒有討價還價空間，該怎麼穿就必須怎麼穿；反觀女性晚禮服由於款式繁多，很難被限制住，因此感覺上規定較為寬鬆，但還是有一些大原則需要遵守，才算合乎禮儀。

為了方便教學，特地為女士禮服做了一個分析表格，涵蓋正式度、長度、穿著時間與特性，希望有助於姊妹們理解。

晚禮裙 vs. 酒會裙

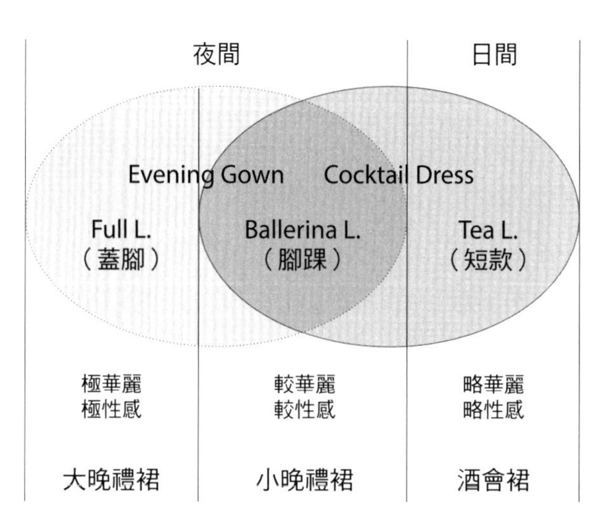

禮服裙大致分為兩類，白天與夜間，白天稱為酒會裙（Cocktail Dress），夜間稱為晚禮裙（Evening Gown），白天的長度多半是短款與少數及踝款，夜間則有全長蓋腳與及踝款，長度越長越正式，因此及踝款有時可以兩用，素雅款適合白天，華麗款屬於晚宴。

而三種長度的禮服裙絕對是越夜越美麗，大晚禮裙只有在非常正式的晚宴中才會穿到，出場必然是紅毯級別，建議在走紅毯時以披肩略為裝飾，同時也遮蓋裸露部位，因大晚禮裙出場時，極華麗且極性感，完全合乎禮儀。

及踝的小晚禮裙實用性最高，建議姊妹們可以擁有，許多正式晚宴都會用到，由於是夜間活動，也不妨較華麗，較性感。

這兩類服裝須搭配華麗小型宴會包，軟硬皆可，視服裝風格而定。華麗晚宴高跟鞋也是包鞋與涼鞋皆可，腳部保養得宜經過修飾適合選涼鞋款，否則緞面或有金屬光澤的包頭鞋也很大方。髮型與妝容必須精緻。

短款酒會裙是日間經常穿得到的服裝，整體裝扮只能略華麗，略性感，過度反而與禮相悖，優雅才顯得體高貴。

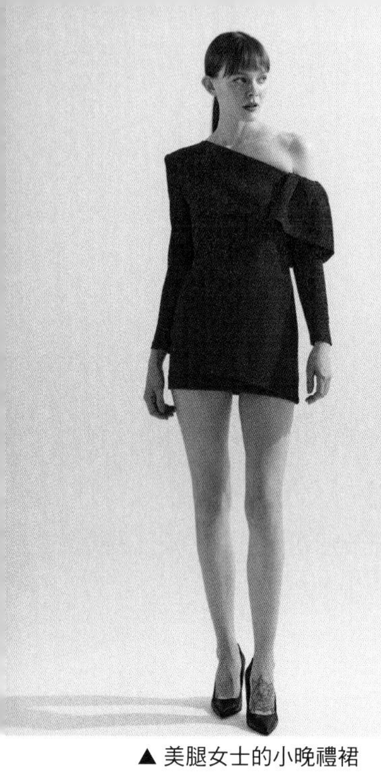

▲ 美腿女士的小晚禮裙

▲ 亮麗登場的小晚禮裙

▲ 高貴低調的小晚禮服

▼ 展現好身材的酒會裙

▼ 時尚可人的酒會裙

▼ 個性時尚的酒會裙

137 正式日間禮服

有一種特別的禮服，在世界上許多地方都已絕跡，多年前曾讀過一本老外交官寫的國際禮儀，稱這種服裝已經死亡，原因是作者出使美國多年，的確見不到，後來卻頻頻在國際新聞中出現，原來在歐洲與日本的重要場合仍十分普遍，因此還是有必要了解。

這種白天正式場合穿著的男士禮服稱為晨禮服（Morning Coat），下襬也是長版，乍看之下與燕尾服有幾分類似，在此將兩件外套並列，便可看出差異。晨禮服只有一顆扣子，通常必須扣起，燕尾服有六顆扣子，全部都是裝飾用，不需要扣；晨禮服前襟由短至長斜斜帶到下襬，而燕尾服前襟是短版，長下襬只有在背後；晨禮服顏色多半是灰色，不發亮面料，燕尾服是黑色，有緞面裝飾領。

燕尾服 VS. 晨禮服

在歐洲尤其有皇室的國家，所有白天正式典禮包括受勳、婚禮與皇家賽馬盛事等，男士必須穿著晨禮服，晨禮服偶爾見到整套，大多數是上下分開搭配，常見深灰色細條紋長褲搭配灰色上衣，再搭配協調的異色背心，淺色襯衫，繫上較寬的蟬翼領結或一般素色領帶，有時可以戴上禮帽。除了歐洲之外，只有日本內閣閣員在白天的重要活動中，全體穿晨禮服，想來明治維新西化夠徹底，連穿著禮儀也全部照搬。

女士的晨禮裙（Morning Dress）最大特點便是帽子，與服裝搭配的美麗帽子在白天典禮中爭奇鬥艷，這些年因為英國皇室新聞經常登上媒體，帶動一波帽子流行風潮，提醒女士們，帽飾只能在白天活動中出現，絕對不能搭配晚禮服。至於服裝，多半是長袖套裝或洋裝，搭配成套的高跟鞋與小皮包，重點是端莊優雅，包括配件與妝容在內，避免性感或閃亮。

這種原本純屬西方的穿著禮儀近年來傳遍世界各地，東方女性難免心嚮往之，於是舉辦一些英式下午茶，趁機戴上小禮帽，穿上正式小禮服亮相，切記在這樣的活動中，服裝不要過分華麗或性感，奢華珠寶也不宜，優雅大方才合乎禮儀。

正式日間禮服

男性	女性
－晨禮服 Morning Coat	－晨禮裙 Morning Dress
－配套較常見	－多為及膝
－深灰色搭配條紋灰長褲	－長袖套裝或洋裝
－搭配協調的異色背心	－優雅保守
－淺色襯衫加（蟬翼）領帶	－搭配精緻小帽
－可搭配禮帽	－小型皮包與淑女鞋
－搭配黑皮鞋黑襪	－避免性感閃亮

典雅且略帶設計感的洋裝可當作 morning dress，裙子再長一點就更合適了

138 一般社交服裝禮儀

除了正式社交典禮，一般生活中的社交活動究竟該如何裝扮，也有一些原則需要遵循，建議考慮時間（T）、地點（P）、場合（O）、角色（R）與形象訊息（M）五大因素；宜簡單大方。

首先談時間，夜間華麗，日間素雅，這是不變的原則，男士夜間穿著深色商務西裝，領帶或袋巾可以特別一點，女士夜間穿著亮麗洋裝或時尚褲裝，可以配戴閃亮配件。白天餐會男士可以穿休閒西裝，不打領帶，女士穿著精緻洋裝、套裝或褲裝，配件不宜過分閃亮。

人境合一

地點也是重要考量因素，這幾年昀老師特別強調「人境合一」，希望裝扮與場地氛圍和諧一致；場地豪華，服裝自然隨之華麗貴氣，場地素樸，服裝宜簡單大方。戶外典禮以輕鬆休閒為主，避免穿著太正式，顯得過於拘謹，講究一點的人甚至可以做到穿著與場地風格一致，例如在禪風茶空間穿著典雅的天然材質新中式服裝；在七〇年代懷舊酒館做豪放嬉皮裝扮，增添不少生活樂趣。

場合除了遵循 Dress Code（場合著裝規範）之外，還可以細分為商務與私人兩類，私人社交又包括親友、同學或社團聚會等，商務場合避免太過個性化，尤其不宜性感，社團則以符合團體屬性為佳，親友活動中如果與配偶結伴出席，兩人裝扮可相互協調一下，造型和諧展現琴瑟和鳴，頗能增添現場融洽氣氛。

談到角色，活動參與人當中必有主次之分，主角應略為提高正式度，裝扮較為隆重，表示對活動的尊重，配角應以綠葉造型出席，不宜過分張揚，搶走主角風頭有失禮節；還有好友結伴或情侶相偕出席，刻意穿姊妹裝或情侶裝，展現好感情也是一種樂趣。

依活動性質傳遞形象訊息

至於形象訊息傳遞，首先根據活動性質做出定調，參加時尚活動，建議加強時尚感與品牌特質；出席藝術活動，請發揮創意，混搭造型並強調個人風格；參加國際社交活動，盡量選擇帶有民族特色的服裝或飾品，增加話題性，也更容易成為現場的焦點。

其次還可以更細緻的在每次出席活動時，因個人形象需求做出微調，例如近來正處於沉潛時期，盡可能裝扮低調，或想藉機建立更好的人際關係，可選擇明亮色彩與偏曲線感的柔和設計。

男士日常社交夜間穿著

男士日常社交日間穿著

日常社交著裝禮儀

時間 Time	地點 Place	場合 Occasion	角色 Role	訊息 Message
－夜間男士深色西裝	－人境合一	－商務社交避免太張揚	－主角：搶眼	－時尚：潮流品牌
－個性領帶或袋巾	－豪華：華麗貴氣	－女士避免過於性感	－配角：低調	－藝術：創意混搭
－夜間女士華麗時尚	－樸素：簡約大方	－私人社交可個性化		－國際：民族元素
－可配戴閃亮飾品	－戶外：輕鬆休閒			－沉潛：低調內斂
－日間男士休閒西裝				－親和：明亮柔軟
－日間女士優雅不發亮				

女士日常社交夜間穿著

女士日常社交日間穿著

第九章

個人形象規劃

139 為贏得認同而穿——形象規劃的社會要素

個人視覺形象規劃

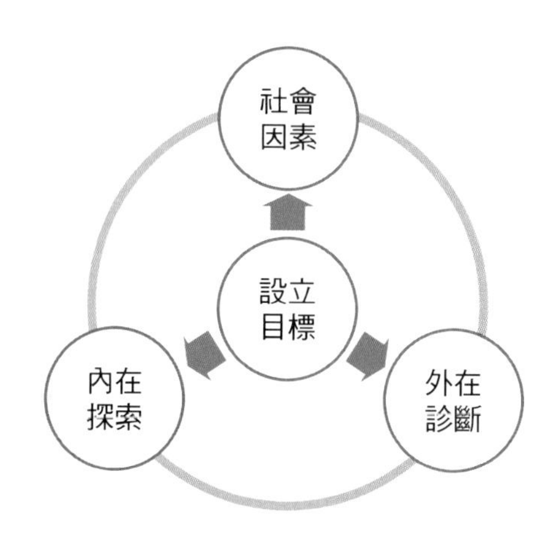

個人視覺形象規劃包含四個層面，分別是精神、身體、心理與社會，在進入規劃前，先設立個人目標，建議訂定一至三年的短期目標，較利於操作，現階段個人形象以達到「像」目標狀態為原則，然後在此精神性大框架之下，對身體、心理與社會三個面向進行診斷與分析。

首先參考個人體型特徵與揚長避短原則，選擇適合的款式，其次根據內在特質確立公領域與私領域的裝扮風格，最後按照社會需求要素，精準定位出裝扮的所有細節。關於身體與心理層面，前面章節已經有詳細說明，接下來將對於社會層面進行全方位闡述。

社會層面 11 大要素

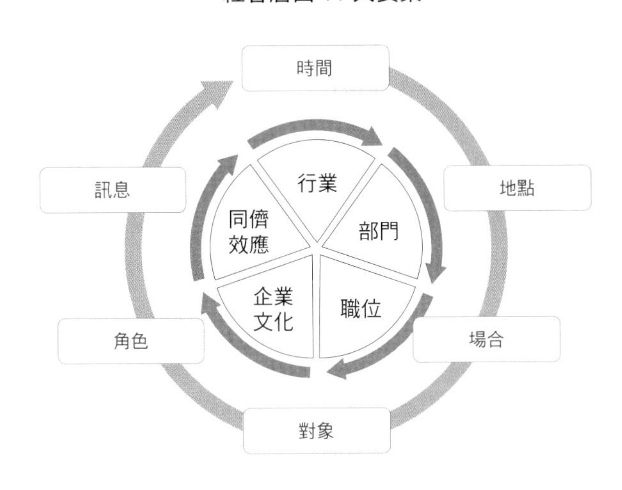

與視覺形象相關的社會層面十一大要素可分為兩類，其中行業、部門、職位、企業文化與同儕效應屬於恆常要素，而時間、地點、場合、對象、角色與所需傳遞的訊息屬於隨機要素；恆常要素可作為現階段職場形象的基本依據，從求職到入職後，除了同儕效應有待觀察之外，大多數屬於可控因素，應按個人興趣與人格特質，選擇最適合自己的場域與環境，才能更好的發揮。

至於隨機要素則是在每次出席不同活動時，根據個人當前需求與目標，做出細部調整的準則。其中 TPO 時間（Time）、地點（Place）、場合（Occasion）是大家熟知的場合著裝三元素，經過多年實踐，發現還需要再加上另一個 ORM 對象（Object）、角色（Role）與訊息（Message），才能針對所有變數整體考量，做出最妥善的規劃，因此隨機要素總共有六項，縮寫為 TPOORM，將在本章節逐一詳述。

140 做一行像一行

職場人士視覺形象規劃的恆常要素中，最關鍵的莫過於行業、部門與職位，俗話說做一行像一行，連古早人都深明其中道理。職場所需要的重要特質大致分為四類：專業、親和、創意與技術，還有一類介於專業與親和之間，因此共分為五類。

一、專業類

如金融、法律、醫學、高等教育等，需要傳遞可靠與嚴謹的形象，適合正式商務裝，建議男士穿著深藍或深灰色西裝，搭配白色或淺藍色襯衫與穩重的商務領帶，女士穿著中性色套裝，搭配素雅大方的襯衣。

二、專業與親和並重的行業

如房仲、觀光業、銷售、中等教育等，為了強化親和力，可選擇較淺或明亮的色彩，男士領帶鮮明一點，女士可以穿著稍帶裝飾性的襯衣。

三.親和力為主的行業

如幼教、補教、社工、護理等，裝扮上盡量展現好人緣，男士可穿著淺色長袖襯衫搭配較活潑的領帶，女士可選擇馬卡龍色系的柔和款套裝或針織外套。

行業部門職位與視覺形象

正式度	最正式								最休閒
	9	8	7	6	5	4	3	2	1
特性	專業		專業＋親和		親和力	創意		技術	
行業	金融、高等教育 法律、醫學 政治		高級觀光業 高級銷售業 房仲、中等教育	初級教育 幼教、補教 社工、護理		設計、藝術 廣告、演藝 美業		IT 工程 園藝、零售 物流、勞務	
部門	會計、財務 稽查、法務		業務 銷售	企劃		設計 研發		庶務、勞務 技術	
職位	總裁、總經理 高階主管		中階主管 顧問、講師		初階主管			一般員工 新入職員工	

四、創意類行業

如設計、廣告、演藝、娛樂等，裝扮必須充分展現時尚感與個人風格，須展現權威時可穿著長袖或添加外套。

五、技術類工作

如 IT 業、物流、零售、勞務等，可採自然風格，但仍應保有基本正式度，避免穿著 T 恤與涼鞋。男士可穿著 polo 衫或襯衫，女士穿襯衣或是針織衫。

就部門而言，管理性越強或需要嚴謹特質如財務與稽查部門，穿著以保守為宜，銷售業務部門的裝扮須兼具專業度與親和力，且努力鑽研「看人穿衣術」，企劃、人力資源、知識研發與行銷部門可略微放鬆，科技或設計部門較為自由，庶務與勞務則更加休閒。

至於職位，位居高階管理層必然最正式，擔任講師、顧問等特殊專業職位，也需要較高正式度，中階主管正式度也有一定要求，而一般基層人員的穿著則較為輕鬆。

141 企業文化與同儕效應

商務人士的個人形象規劃中，除了行業、部門與職位等三項恆長因素之外，與當前任職公司的基本調性與氛圍也息息相關，其中企業文化與同儕效應是兩大參考重點。

各國企業文化比一比

首先檢視任職公司的企業文化，有些企業特別講究視覺形象，如公司 CI 做得很講究，企業標誌、招牌、文宣或內部環境，都屬於高品味或極具設計感，那麼公司對於視覺美感要求必然是採高標準，在這樣的企業文化下，人人都應抱持相同準則，高品味是晉升的必備條件。

通常日系公司對員工的服儀嚴謹度要求較高，整齊專業不特立獨行是基本原則。美系公司服儀偏休閒，但仍十分講求場合性，在重要場合必須遵守著裝規範，以免失禮。歐洲公司服儀標準視民族性而有異，英國、德國、北歐較嚴謹，不能接受員工太隨性，法國、南歐等拉丁民族較浪漫，重視美感素養與裝扮品味。大陸按地區與城市規模有所不同，沿海地區較時尚，內陸較保守，大都會較講究，小地方較隨性，臺灣的標準較接近美國，香港、新加坡較接近英國，對穿著較講究。穿制服的行業雖然沒有個人發揮空間，但在細節上仍有基本要求。

觀察同儕，得體融入

其次觀察同儕對於形象的關注度，新人一開始應以安全為原則，穿著走中庸之道最不容易出錯，先觀察幾天，看看公司同仁尤其是 CEO 或上司如何穿著。如果大家都習慣輕鬆以對，那麼最好不要穿得太過講究或隆重，較有利於人際關係的建立。

尤其直屬上司的穿著打扮是重要觀察點，假使上司特別樸素，服飾、文具與辦公用品都是普通大眾化品牌，下屬身上絕對不能出現高檔名牌商品，以免引起上司不快。但假使老闆特別重視裝扮，同時主管階層也都有類似傾向，則必須提高標準與自我要求，穿著得體才更能獲得認同。

企業文化與同儕效應

企業文化	同儕效應
－企業及國家屬性	－層峰講究度
－行業屬性	－直屬上司講究度
－ CIS 講究程度	－部門同事講究度
－外觀及內部美感度	

142 日夜有別——時間與形象

活動舉行的時間與穿著正式度有一定的相關性，以商務活動而言，在一週之中週一至週四，稱為平日週間（weekday），穿著最為正式，週五依照國際慣例，穿著較休閒，偶爾需要在週末工作，必然更為放鬆。

此外在一日之間的不同時間段，穿著正式度也有差異，有趣的是商務與社交場合在白天與夜間的正式度恰巧相反，商務活動在白天最正式，晚上較為放鬆，因晚間畢竟不是慣常的工作時間，因此心情上比較輕鬆；至於社交活動在白天不如夜間正式，日間社交有時還包含戶外活動，穿著必須休閒，而各種餐會宴會則是晚上更為正式。

順便一提的是男性商務服裝與社交服裝，除了在需要穿禮服的正式宴會上有所不同，其他場合差別不大，一套深色商務西裝從早晨上班穿到晚上赴宴完全合乎禮節，講究一點的人也許會換一條領帶，否則就是一套到底也沒問題，因此男性在一日之間趕赴各種場合，幾乎沒有換裝困擾。

週間商務裝正式度

週間	正式度
週一至週四	正式
週五	較休閒
週六週日	更休閒

活動時間與裝扮正式度

	商務	社交
上午	正式	較休閒
下午	較休閒	較正式
夜間	更休閒	更正式

女性可嘗試小黑裙魔法

女性裝扮在商務與社交場合差別則十分明顯，商務裝講究專業，服裝形式與男裝較為接近，社交裝扮則更偏向女性化與時尚感，形式更為多樣性。因此對於女性而言，日間商務活動後接著參加夜間社交活動，在裝扮上面臨很大的跳躍性，如果直接穿著商務裝赴晚宴，絕對格格不入。

建議女性不妨試試小黑裙魔法，白天上班穿黑色連衣裙外罩西裝，晚上脫去西裝，補強彩妝，加一條浪漫披肩，再添些閃亮飾品，足登華麗晚裝鞋，手拿小巧晚宴包，搖身一變，晚宴美魔女非你莫屬。

143 處處不同——地點與形象

商務或社交活動舉行地點與服裝正式度有很大相關性，從最大範圍談起，不同地區有不同習慣與規範，著裝禮儀較嚴謹的地區為歐洲（南歐較自由，有皇室的國家較為嚴謹），美、加、澳、紐等次之，亞洲以日本最嚴謹，其次為新加坡與香港，再來依序是臺灣、韓國、東南亞等。

從國家、城市到地方都有差異

中國大陸目前還算較為放鬆，但也因地而異，北京上海國際化程度居首位，穿著比較講究，尤其上海，特別重視時尚感與品牌度，南方大都市如廣州與深圳，雖然因為氣候炎熱，商務人士很排斥所謂正裝（正式商務裝），但對服裝還是有一定的重視，女性對潮流趨勢仍然十分敏感，至於二線城市則較休閒，再下來更小的地方更為放鬆。

其他國家也都有所謂地方差異性，城市屬性很大程度影響服裝正式度，以美國為例，夏威夷是度假勝地，當地人穿著普遍較休閒，在那裡舉行國際會議，整體穿著自然偏向熱帶度假風，而同樣會議地點若訂在如華盛頓或紐約這類的重要政經中心，服裝規範必然更為嚴謹。

連台灣這麼一個小島都有明顯南北差異，臺北是國際政治金融中心，商業氛圍濃厚，所有活動穿著都較正式，審美偏向都會簡約風；反觀南方海港都市也是傳統工業重鎮的高雄，民風質樸，人情味濃厚，崇尚社交圈子審美，自有一套偏華麗風的裝扮文化。

地點因素與形象規劃

屬性	分類
國家與地區	按國家或地區文化與社會現狀而定
城市屬性	經貿都會、政治中心、休閒勝地、工業重鎮、農牧集散地……
場地性質	企業場地、五星酒店、度假中心、社區活動中心、咖啡館……
場地特徵	豪華、樸素、人文、藝術、科技……

在何處參加什麼活動是關鍵

再談到活動地點的性質，在公司內部地點舉行的活動穿著講求專業，在大型酒店舉行隆重度須增加，在度假中心則較為放鬆。最後還要考慮場地本身的特性，場地越豪華，比如說當地最高地標大樓的辦公室或五星級大飯店，參與者的穿著會隨之提高隆重感與正式度；比較簡樸的場地，如一般商務辦公樓、餐廳或咖啡館，穿著自然以輕鬆舒適為主。

144 內外迥異——場合與形象

形象規劃中的場合因素，首先應遵守場合著裝原則（Dress Code），尤其在正式活動中，西方人尤其重視，多半有明文規定，非正式活動則憑藉常識與默契，避免特立獨行。

至於再進一步討論職場上的不同場合，大致可分為純商務與商務社交兩種性質，之下又可以細分為對內、對外兩種類別，共有以下四類，在形象規劃上都各有側重點。

對外商務

對外商務場合包括商務洽談、會議、參訪、晉見高層、接待外賓、媒體上鏡、活動推廣與各種國際商務活動，這些都是企業對外接觸與形象傳播最重要的場合，因此所有參與人員都必須拿出最高標準，謹守正式與嚴謹的原則，在穿著上應以正式商務裝為主。國際性商務活動還必須遵守國際場合著裝規則，如此不僅提升企業形象，同時也提高國家形象。

對內商務

對內商務場合即是在公司內部的各種活動，除了日常工作外，還包括開會、提案、發表、培訓、銷售與接待等特殊任務，應表現專業、認真與團隊意識，但不同活動仍因訴求不同，在裝扮上各有重點。如開會提案與發表，為了提高說服力，服裝應更偏向嚴肅感；參加培訓時為了展現參與感，服裝應較為低調；接待訪客為了讓客人感到備受尊重，服裝正式度應提升；擔任銷售工作，專業與親和力同樣重要，建議在商務裝中添加一些明亮色彩與軟性裝飾。

職場形象規劃原則

	商務	社交
對外	正式，嚴謹，高標準	考究、精緻、從容大氣
對內	專業，認真，表現團隊意識	輕鬆，親和，增進人際關係

對外社交

對外商務社交形式很多元，有戶外休閒如高爾夫球或名勝遊覽等，也有室內活動如觀賞表演、參觀博物館、餐會、下午茶、雞尾酒會與商務晚宴等，面對不同場合，首先考慮機能性，戶外輕鬆舒適，室內優雅講究，在社交上越能表現嫻熟與從容，越能達到賓主盡歡與提升形象的效果，服裝通常在此時很能發揮關鍵影響力。

對內社交

對內商務社交較以上三類輕鬆，主要是以增進人際關係為目的，在裝扮上以表現親和力為原則，避免過分嚴肅或搶眼，才有助於融入團體，提升好感度。

145 看人穿衣法則

商務與社交活動中的形象規劃，還必須考慮人的因素，投其所好是基本常識，面對不同的人，不論對方是上司、同事、客戶或是新朋友，都需要贏得對方的認同與好感，學會看人穿衣，絕對能助你一臂之力。

究竟該如何看人穿衣，有幾項基本因素可以做參考，包括性別、年齡、職業、位階、教育程度、居住地區與興趣嗜好等。首先裝扮調性可分為兩大類別，第一類是以理性為導向，目的是傳遞專業能力與幹練形象，服裝正式度較高，款式以直線感居多，面料較硬挺，色彩多為中性色，女性服裝也以中性化為主；第二類是感性訴求，目的是為了傳遞親和力，增進人際互動，服裝正式度偏低，線條多為曲線，面料較柔軟，色彩較淺或明亮，女性服裝可以增添一些曲線感的柔性裝飾。

大致說來面對男性、專業人士、高學歷或高階管理層，服裝應偏向第一類，也就是理性主導，偏商務且較正式；面對女性、人際導向行業、中低學歷或中低層人士，服裝屬於第二類，避免過分嚴肅，偏休閒或較為軟性。

與年輕人接觸，服裝可趨向年輕化，更有利於溝通，面對年長者，親和力越強越討好，處於首末

看人穿衣法則

	第 1 類 理性 專業 直線型	第 2 類 感性 親和 曲線型
性別	男性	女性
年齡	職場主力階段	偏低或偏高
行業	專業導向	人際導向
階層	高（重品牌與質感）	中低
學歷	高	中低
地區	都會（重國際品味與時尚感）	小城市鄉鎮

兩端的年齡段，裝扮都應偏向感性，而居於中間的職場主力階段，對理性裝扮信賴感更高。

與高收入人士接觸，自身裝扮也需要重視品牌性與精緻感；居住在都會區的人，對於穿著同樣有著國際品味的人容易產生認同；與時尚界人士往來，穿著應適度提高時尚感，營造氣味相投的氛圍；出席特定興趣團體的活動，可以適度向相同主題靠攏，例如參與茶藝研習社團聚會，不妨穿著棉麻中式服裝，參加飾品設計展開幕式，可配戴自己精心收藏的飾品。
總之在裝扮上展現與人同調，既是禮貌，也是相互吸引與彼此欣賞的基礎，何樂而不為。

146 角色決定裝扮

在了解每一個場合將要面對什麼樣的人之後，另一項跟人相關的因素就是自己，所謂人生如戲，只要扮演的角色更換，形象規劃重點也需要隨著改變，仔細分析起來，角色因素對照組別還挺多元，必須一一了解，這也算是邁向社會化的必要常識。

首先有主客之分，無論商務或社交場合，都可能有主有客，按禮節應是以客為尊，因此主人的形象需要略為低調，盡量讓客人展現，如主人過於高調，會讓客人感受到壓力，非君子所為，應該避免。

此外還有主次之分，一個場合中座位、發言、拍照等，都應按重要性排序行禮如儀，視覺形象自然也必須有意識地做出調整，主角穿著最為隆重，焦點性最高，然後按順序往下降；作為參與者，應該了解自身的排序位置，才不致搶了主角鋒頭，主角也不可過謙，讓後面的人尷尬。

周到一點的人，還應注重所謂甲方、乙方的身分區別，甲方是購買方，乙方是銷售方，也就是提供服務或產品的人，在共同出席的活動中，乙方宜低調，如服裝銷售人員、形象顧問或保險經紀人，工作時避免裝扮得太過光鮮亮麗，將光環讓給顧客才對。

角色與視覺形象

高調　隆重度與焦點度高 品牌度視情況提高	低調　隆重度與焦點度低 品牌度視情況降低
貴賓 其他客人視情況而定	主人
主角 按重要性遞減	配角
甲方	乙方
團體領袖	團體成員
配偶與隨主要參與人同調	

然後就到了結伴參加活動時該留意的分寸，女性假使以配偶角色出席，應以另一半的身分為參照，主次、主客、甲乙三項都按照定位來裝扮，並且在裝扮上，兩人盡量風格一致，給人琴瑟和鳴的好印象。

最後就是除了個人之外，還兼具團體身分，小到與三五好友結伴出席，大到以團體成員身分參加大型會議或典禮，都要考慮團體性質，太過強調個性化與突出個人裝扮，可能都不是受歡迎的行為，除非在團體中屬於領導角色。

147 以衣識人

「穿著打扮是人的一張名片」，「形象是無言的自我介紹」，這類提醒人們裝扮重要性的金句早已耳熟能詳，大家似乎也認可服裝儀容是傳遞個人訊息的最佳媒介。

在多年的形象管理培訓中，形象訊息相關內容一再出現，舉三個案例說明如下：

案例 1：在第一章曾提到過，為社會新鮮人設計的講座中，歸納出「面試裝扮與人格特質」一覽表，涵蓋所需具備的各種重要個人特質，所有特質都有相對應的裝扮方式，換句話說，所有特定裝扮方式都能傳遞出不同的形象訊息。

案例 2：為企業高管提供的個人品牌培訓中也有類似內容，以 PIS（個人識別系統）的 MI（內在識別）與 VI（視覺識別）對照呈現，每一個內在特質都有相對應的裝扮方式，想傳遞何種訊息，便需要遵守相應的服儀準則。

企業高層 MI 與 VI

MI	VI
權威	正式商務裝
專業	正式商務裝
可信賴	正式商務裝
親和力	較休閒，色彩柔和
富創意	混搭
高標準	注重細節
有品味	提高審美
國際化	簡潔大氣
與時俱進	時尚感

其中表列最後一條提到時尚感，不少人認為自己的職業與時尚毫無瓜葛，裝扮時尚與否似乎事不關己，其實時尚感與了解趨勢有關，一個與時俱進的人，必然是深諳趨勢且順勢前行，若裝扮停

留在三十年前，想法極有可能守舊固化，因此從形象訊息的角度而言，時尚感對企業人士的重要性絕不可小覷。

案例 3：從九〇年代發展至現今，商務休閒裝最終歸納出四大類別，並非刻意人為，而是因不同的形象訊息需求應運而生。從正式商務裝略為下降一級的 A 版，主要是為了加強溝通；再降一級的 B 版，除了強調親和力，裝扮自由度的提高，更有利於展現個人品味；最休閒的 C 版在職場的生存空間，來自輕鬆裝扮能提升工作效率與創意；屬於特殊類別的時尚版商務休閒裝，顧名思義正是為了體現時尚感、個性化與藝術特質。

「You are what you wear.」，以貌取人在我們的文化中似乎是貶抑詞，但以衣識人，卻分分秒秒都在發生，就讓恰當的儀表為你發聲，傳遞你想要的訊息。

職場服裝與形象訊息

服裝正式度	形象訊息
正式商務裝	保守，可靠，權威
經典商閒裝（A 版）	溝通，專業，信賴
品味商閒裝（B 版）	品味，親和，能力
時尚商閒裝	個性，藝術，時尚
輕便商閒裝（C 版）	效率，創意，輕鬆
假日休閒裝	舒適，放鬆，休閒

148 個人視覺形象規劃案例

在章節最後做個總複習，個人視覺形象規劃，首先在「像」目標形象的前提下，除了依照身體與心理層面，做出服裝風格與款式定調之外，還需要參考「社會層面十一大要素」，在服裝採購與衣櫥建置時，依照恆常要素中的行業、部門、職位、企業文化與同儕效應，先確定職場裝扮基調，接下來在出席每一次重要活動時，再視隨機要素中的時間、地點、場合、對象、角色與形象訊息，做出細部的調整。

為此特別分享我的私房「場合形象規劃表」，其中有八項重要指標，專業所指是職場所需的幹練形象，多半靠商務裝來襯托；親和是指偏軟性或較休閒的裝扮，能展現友善可親之感；創意可以靠裝扮上的新點子或有趣的混搭來表現；識別是個人辨識度，穿出個人風格，一看便是你就對了；隆重是兼具高檔、精緻、華麗與盛大出場的感覺；焦點是裝扮搶眼，在人群中鶴立雞群；時尚是以潮款或潮搭配裝扮出潮味；品牌是指穿戴知名品牌服飾配件，且肉眼可辨識。

場合形象規劃表

專業	1	2	3	4	5	6	7	8	9
親和	1	2	3	4	5	6	7	8	9
創意	1	2	3	4	5	6	7	8	9
識別	1	2	3	4	5	6	7	8	9
隆重	1	2	3	4	5	6	7	8	9
焦點	1	2	3	4	5	6	7	8	9
時尚	1	2	3	4	5	6	7	8	9
品牌	1	2	3	4	5	6	7	8	9

以上八個維度可清晰定調一身裝扮的所有細節，按照社會層面要素逐一檢視並標出度數，將會有明確的形象定位。接下來舉六個案例，都是根據「社會層面十一大要素」完成的「場合形象規劃表」，自此只需要照表穿衣，保證每一次登場都是得體大方，魅力四射。

案例 1：外商銀行理財部門經理，為 VIP 客戶舉辦午茶沙龍活動，並擔任主人角色，時間：週六下午，地點：高檔私人俱樂部，目的：為銀行款待尊貴客戶，建立良好關係。

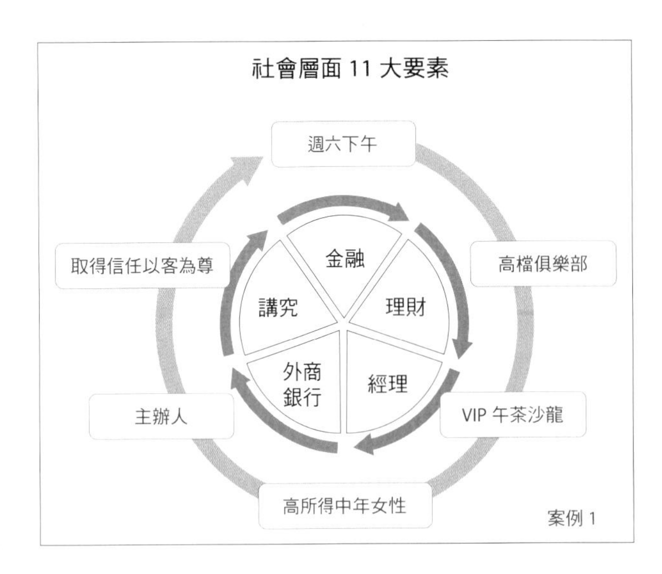

場合形象規劃表

專業	1	2	3	4	5	6	7	8	9
親和	1	2	3	4	5	6	7	8	9
創意	1	2	3	4	5	6	7	8	9
識別	1	2	3	4	5	6	7	8	9
隆重	1	2	3	4	5	6	7	8	9
焦點	1	2	3	4	5	6	7	8	9
時尚	1	2	3	4	5	6	7	8	9
品牌	1	2	3	4	5	6	7	8	9

案例 2：中型廣告公司設計總監，應朋友邀約，參加一場中式茶會，時間：週五下午，地點：人文茶空間，目的：結識新朋友，開拓人脈。

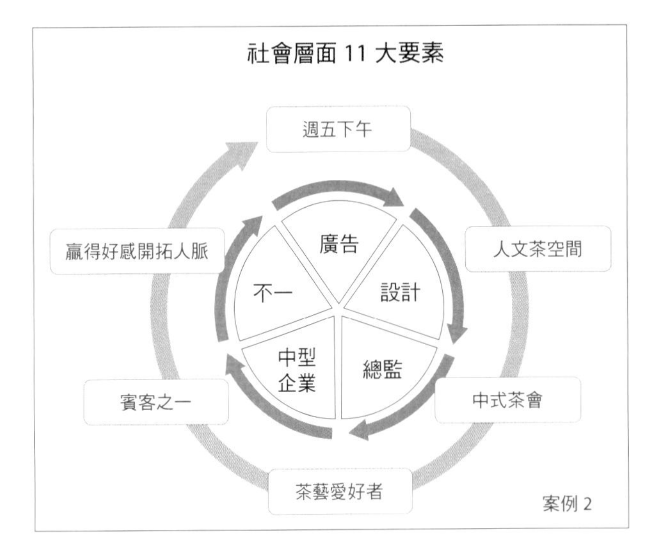

場合形象規劃表

專業	1	2	3	4	5	6	7	8	9
親和	1	2	3	4	5	6	7	8	9
創意	1	2	3	4	5	6	7	8	9
識別	1	2	3	4	5	6	7	8	9
隆重	1	2	3	4	5	6	7	8	9
焦點	1	2	3	4	5	6	7	8	9
時尚	1	2	3	4	5	6	7	8	9
品牌	1	2	3	4	5	6	7	8	9

案例 3：小型貿易公司業務經理，主持公司內部會議，向員工宣示重要事項，時間：週二上午，地點：公司會議室，目的：傳遞權威感，讓員工信服。

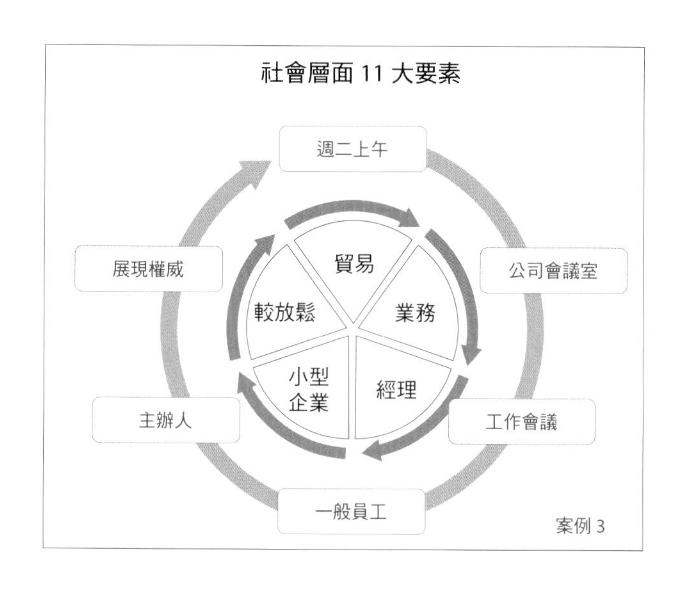

場合形象規劃表

專業	1	2	3	4	5	6	7	8	9
親和	1	2	3	4	5	6	7	8	9
創意	1	2	3	4	5	6	7	8	9
識別	1	2	3	4	5	6	7	8	9
隆重	1	2	3	4	5	6	7	8	9
焦點	1	2	3	4	5	6	7	8	9
時尚	1	2	3	4	5	6	7	8	9
品牌	1	2	3	4	5	6	7	8	9

案例 4：國際美妝品牌彩妝技術講師，參加國際會議後晚宴，擔任協同主持人，時間：週六晚上，地點：五星酒店，目的：展現個人表達能力與品味。

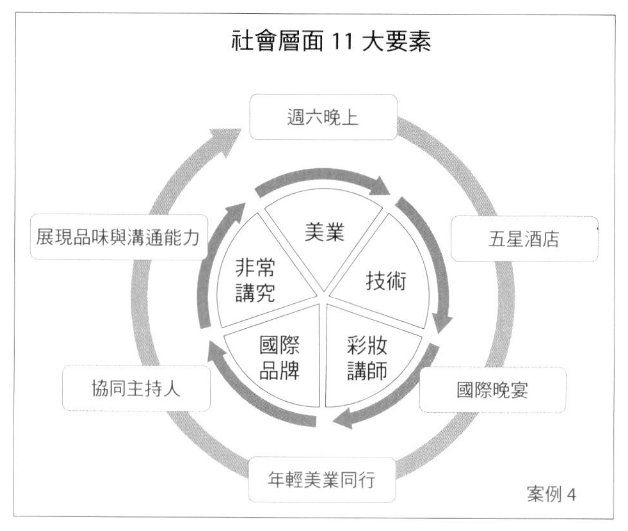

場合形象規劃表

專業	1	2	3	4	5	6	7	8	9
親和	1	2	3	4	5	6	7	8	9
創意	1	2	3	4	5	6	7	8	9
識別	1	2	3	4	5	6	7	8	9
隆重	1	2	3	4	5	6	7	8	9
焦點	1	2	3	4	5	6	7	8	9
時尚	1	2	3	4	5	6	7	8	9
品牌	1	2	3	4	5	6	7	8	9

案例 5：精品出版社企劃經理，拜訪醫學科普作家，爭取出版機會，時間：週四下午，地點：市區咖啡館，目的：展現能力，取得信任。

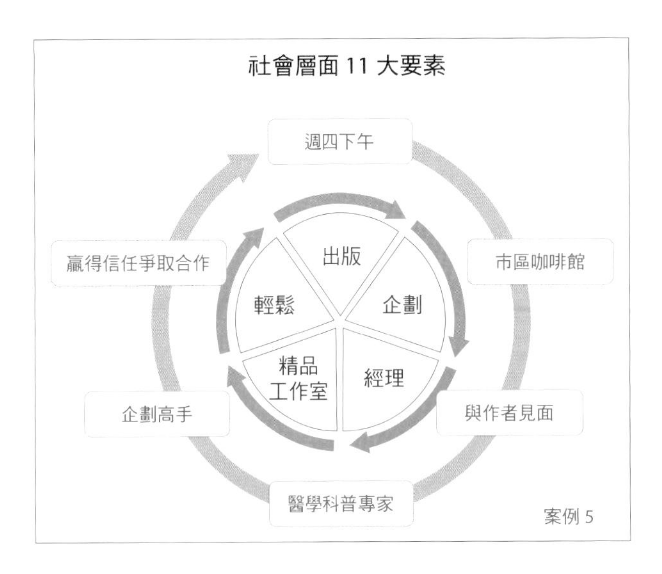

場合形象規劃表

專業	1	2	3	4	5	6	7	8	9
親和	1	2	3	4	5	6	7	8	9
創意	1	2	3	4	5	6	7	8	9
識別	1	2	3	4	5	6	7	8	9
隆重	1	2	3	4	5	6	7	8	9
焦點	1	2	3	4	5	6	7	8	9
時尚	1	2	3	4	5	6	7	8	9
品牌	1	2	3	4	5	6	7	8	9

案例 6：連鎖兒童英語補習班老師，參加公司招生活動，擔任接待，時間：週三晚上，地點：公司大教室，目的：贏得好感，吸引報名。

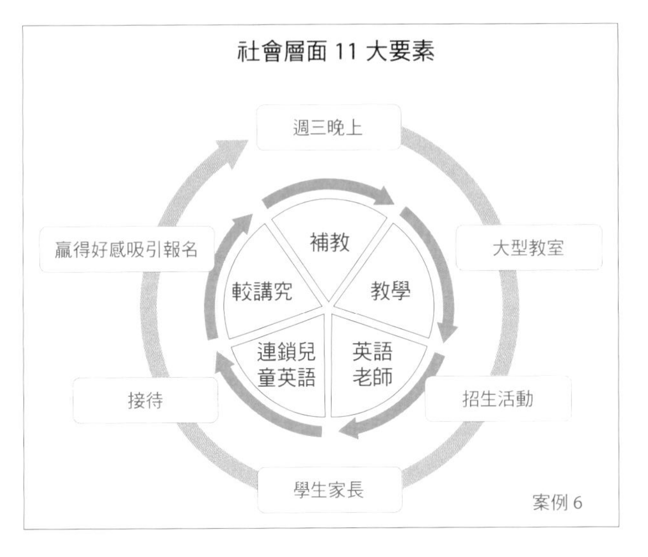

場合形象規劃表

專業	1	2	3	4	5	6	7	8	9
親和	1	2	3	4	5	6	7	8	9
創意	1	2	3	4	5	6	7	8	9
識別	1	2	3	4	5	6	7	8	9
隆重	1	2	3	4	5	6	7	8	9
焦點	1	2	3	4	5	6	7	8	9
時尚	1	2	3	4	5	6	7	8	9
品牌	1	2	3	4	5	6	7	8	9

149 四階段造型系統——4D形象管理應用

多年來在形象領域一直存在以身體層面作為主導的諮詢系統，由於相關從業人數頗多，音量越來越大，看到人便分析五官體型的大小與直曲，優點是簡單快速，極短時間便能得出結果，缺點是僅以外表也就是身體特徵來分析，不免失之偏頗，萬一內在特徵與外在相互矛盾，或社會需求與前兩者不盡相同，再甚或個人目標與前三者都有差距，究竟該如何平衡與因應。

為了解決這個困擾，幾年前特地設計了「四階段造型系統」，共五個表格，填寫之後，便能了解一個人在身體、心理、社會與精神四個層面對應的造型需求是否一致，假使答案為否，應根據現階段重視程度進行調整。

精神層面（目標形象）與造型

	專業	親和	嚴謹	創意	焦點	低調
飾品尺寸	小	小	小	大	大	小
飾品線條	直線	曲線				
花紋大小	小	小	小	大	大	小
花紋線條	直線	曲線				
服裝細節尺寸	小	小	小	大	大	小
服裝細節線條	直線	曲線				
面料	硬挺	柔軟	一致	混搭	混搭	一致
色彩	深，濁 局部豔	淺，柔 喜明亮	中性色 低對比	無彩色 自由	豔 高對比	柔 低對比

以 4D 形象學而言，一般重要性排序為精神＞社會＞心理＞身體，假使完全按照精神層面執行，藉由這五個表格，也能了解在哪些層面已經得以實現，哪些層面暫時需要妥協與如何彌補，這樣的形象規劃才算是真正的全方位關照。

五個造型表格建議按以下順序完成，1. 精神，2. 社會，3. 心理，4. 身體特徵（體型），5. 身體特徵（五官），最後必須按照精神

社會層面與造型

	專業	親和	嚴謹	創意
飾品尺寸	小	小	小	大
飾品線條	直線	曲線		
花紋大小	小	小	小	大
花紋線條	直線	曲線		
服裝細節尺寸	小	小	小	大
服裝細節線條	直線	曲線		
面料	硬挺	柔軟		

心理層面與造型

	張揚	低調	中性	女性
飾品尺寸	大	小		
飾品線條			直線	曲線
花紋大小	大	小		
花紋線條			直線	曲線
服裝細節尺寸	大	小		
服裝細節線條			直線	曲線
面料			硬挺	柔軟

身體層面與造型（體型）

	量感大	量感中	量感小	直線型	曲線型	圓潤	骨感
服裝細節尺寸	大	中	小			大	小
服裝細節線條				直線	曲線		
包與鞋的尺寸	大	中	小				
面料						垂軟	硬挺

身體層面與造型（五官）

	量感大	量感中	量感小	直線型	直曲型	曲線型
飾品尺寸	大	中	小			
飾品線條				直線	直 曲	曲線
花紋大小	大	中	小			
花紋線條				直線	直 曲	曲線

層面、也就是目標形象作為現階段造型原則；此處以昀老師自己為案例，按精神層面結論是：大且直，向下比對。

社會與心理層面都是大且直，顯示目標形象與現在的職業身分與個性完全符合，再往下對照身體層面，在體型處發現矛盾，按體型應該是小，五官處則是大；因此綜合五個表格整體比對結論，大原則是大且直，只有在體型處出現矛盾，體型較小可以放大肢體動作來彌補，也就是以動態讓自己氣場變大，包括抬頭挺胸、豐富的肢體動作等，這就是四階段造型系統的應用。

View_觀點 04

一生衣事——訂製未來的自己

Forever with Style —— Customize Your Own Future

作　　者：李昀
插　　畫：宋眉蓉
主　　編：林慧美
校　　稿：尹文琦
封面設計：日央設計
美術設計：邱介惠

發行人兼總編輯：林慧美
法律顧問：葉宏基律師事務所
出　　版：木果文創有限公司
地　　址：苗栗縣竹南鎮福德路124-1號1樓
電話／傳真：(037)476-621
客服信箱：movego.service@gmail.com
官　　網：www.move-go-tw.com

總 經 銷：聯合發行股份有限公司
電　　話：(02) 2917-8022　　傳真：(02) 2915-7212
製版印刷：禾耕彩色印刷事業股份有限公司
初　　版：2022年12月
定　　價：680元
I S B N：978-986-99576-9-4

國家圖書館出版品預行編目(CIP)資料

一生衣事 : 訂製未來的自己 = Forever with Style-Customize Your Own Future ／李昀著 . -- 初版 . -- 苗栗縣竹南鎮：木果文創有限公司 , 2022.12
348 面；21×20 公分

ISBN 978-986-99576-9-4（平裝）

1. CST:　服飾　2.CST: 形象

423.2　　111016881

Printed in Taiwan